"新安江杯" 严东关旅游综合体设计竞赛

Revel in Natural Landscape, Boost Cultural Prosperity

"Xin'an River Cup" Yandongguan Tourism Complex Design Competition

全国风景园林专业学位研究生教育指导委员会
中国风景名胜区协会文化和旅游专家委员会　编著
浙 江 省 建 德 市 人 民 政 府

中国建筑工业出版社

编 委 会
Editorial Board

主　　编：李　雄　孙　喆　何亦星

执行主编：周春光

编　　委：建德市新安旅游投资有限公司

郑希平　朱红霞　钱智峰

建德市文化和广电旅游体育局

刘光星　王志强

《风景园林》杂志社

曹　娟　申静霞　李梓瑜

中国风景名胜区协会文化和旅游专家委员会

胡昱旦　杨　洁

编　　写：《风景园林》杂志社
15 个获奖作品参赛团队

P序一
reface I

  根据《教育部关于改进和加强研究生课程建设的意见》以及有关加强专业学位实践教学的要求，全国风景园林专业学位研究生教育指导委员会为风景园林专业研究生实践搭建平台，联合中国风景名胜区协会文化和旅游专家委员会、中国风景园林学会教育工作委员会和建德市人民政府共同举办了此次"新安江杯"严东关旅游综合体设计竞赛。

  设计竞赛是检验和展示学生设计水平和导师教学质量的重要平台，同时设计竞赛主题的设定体现了对风景园林行业前沿性问题以及当前社会问题的思考，通过设计竞赛启示学生将所学专业与社会发展相结合，引导学生将所学所思付诸行动社会实践。

  "新安江杯"严东关旅游综合体设计竞赛，旨在围绕乡村振兴、城乡生态人居环境提升、生态特色城镇建设等主题，以深度推进城乡人居生态环境提升，创新城乡文化旅游产业发展模式为目的，解决当下乡村景观发展热点难点问题以及为未来发展方向出谋划策。

  作为全国风景园林专业学位研究生教育指导委员会秘书长，如何培养出高质量的风景园林专业学位研究生，为社会、为风景园林行业输送专业人才，是我一直在思考的问题。我很荣幸作为本次竞赛监督组主任参与本次竞赛，并同各位终评专家一起见证了入围决赛的各支参赛队伍在终评答辩会上演讲展示参赛作品的风采，看到这些年轻的后浪，我也感到欣喜和欣慰。

  本书收录的便是"新安江杯"严东关旅游综合体设计竞赛的 15 个获奖作品，对作品的编辑出版既是对此次竞赛的系统总结和对学生设计作品的肯定，同时也是希望能通过这 15 个优秀作品引发读者对风景园林师在城乡生态人居环境提升和乡村振兴实践中所发挥作用的思考和关注。

  在此，我代表全国风景园林专业学位研究生教育指导委员会向对本次竞赛给予大力支持的中国风景名胜区协会文化和旅游专家委员会、中国风景园林学会教育工作委员会和浙江省建德市人民政府，以及为本次竞赛做出大量工作的建德市文化和广电旅游体育局、建德市新安旅游投资有限公司和《风景园林》杂志社表示由衷的感谢，也对作品集的出版表示祝贺。

北京林业大学副校长、教授

全国风景园林专业学位研究生教育指导委员会秘书长

2021 年 4 月 8 日

P序二
reface II

  自从 2001 年，担任第二届全国风景园林专业学位研究生教育指导委员会委员一职以来，就感到压力巨大。研究生专业学位建设如何围绕国家发展战略，突出实战性和应用性？如何突出风景园林研究生专业学位优势，寻找风景园林专业学位研究生自身发展的特点？如何帮助不同专业背景的高校，提高风景园林专业学位研究生的培养质量？如何科学评价风景园林研究生专业学位的培养质量？这既是秘书处交给我们的任务，也是我们苦苦思考的内容。

  作为上一届委员，我主要协助全国风景园林专业学位研究生教育指导委员会秘书处和同济大学的刘滨谊等教授，建立风景园林专业研究生学位案例库。我觉得全国高校风景园林专业学位研究生教育质量的提升，教师是最为重要的关键所在。目前担纲风景园林专业学位研究生教育的年轻教师大都是高校的博士，毕业后直接走向讲台，理论功底扎实，但有些缺乏风景园林一线的实践经验。风景园林是一门实践性非常强的学科，专业学位更是强调实践能力的培养。教师实践能力的差异，是导致当前风景园林专业学位培养学校教育质量参差不齐的一个重要原因。所以，加强案例库建设，使各高校共享风景园林建设的典型案例，是提高风景园林专业学位研究生培养质量的重要途径。

  很荣幸，2016 年继续受聘担任第三届全国风景园林专业学位研究生教育指导委员会委员，则提供了我继续深化对风景园林专业学位研究生培养质量的理解与思考的机会。由于许多高校风景园林专业学位研究生的培养方式脱胎于风景园林学术学位研究生，许多评价体系均沿用原有的模式，已经越来越不适应风景园林行业的发展，亟需建立一套符合风景园林发展实际，又能被设立风景园林专业学位研究生高校普遍接受的评价模式。我的好友，全国风景园林专业学位研究生教育指导委员会委员、棕榈园林股份有限公司董事长吴桂昌先生 2017 年出资举办"棕榈杯生态城镇创新·创意大赛"，邀请了 16 所高校的风景园林专业研究生参赛，迈出了实战的第一步。实行各高校普遍参与的具有鲜明风景园林特色的竞赛平台就呼之欲出了。

  开展高校间风景园林专业硕士生的设计竞赛，这是风景园林专业学位质量评价体系改革的尝试，是将原来以"评"为主，转到以"赛"为主的重要实践。我们的想法得到北京林业大学副校长、全国风景园林专业学位研究生教育指导委员会秘书长李雄教授的支持，也得到全国风景园林专业学位研究生教育指导委员会委员们的肯定。

  建立实战为主的竞赛平台容易，但要选择以建设为目标，包含风景园林多资源要素，能发挥风景园林专业学位水平的场所较难。也非常高兴我们的想法，得到我的老同事，时任建德市政府副市长何亦星的高度重视，建德方面拿出两个地块作为竞赛的选址，并出资赞助了整个竞赛。经我们现场踏勘后选择严东关（含原五加皮酒厂）沿江地块作为设计竞赛项目选址。

作为竞赛的组织者，我们最关注的是如何建立一个公平、有程序、受监督的竞赛平台。所以，在竞赛的开始，我们就把公平、程序、监督贯穿竞赛的始终，实行现场集中评奖、实现保密条款和回避制度，打破高校方案评分体系，引入行业专家和实操性的项目招投标评价体系。实践证明，我们的尝试是成功的。我们的实践得到中国风景园林学会陈重理事长和中国风景名胜区协会王凤武会长充分肯定，也得到了全国风景园林专业学位研究生教育指导委员会委员们的认可。竞赛成果在广州华南理工大学举办的全国风景园林教育大会上展出，得到高校师生的普遍好评。

我知道，竞赛的顺利举行，离不开广大从事风景园林教育的高校教师的支持。引入竞赛平台，既是对学生的实践能力水平的测试，也是对教师实践能力的评价。近日，教育部、科技部联合发文，提出要树立正确的评价导向，破除论文"SCI"至上，拿出针对性强、操作性强的实招硬招。我想，开展风景园林专业学位研究生竞赛和同行评议一定会成为高校专业学位评价的实招之一，成为推动风景园林专业研究生学位评价体系改革和提升学生培养质量的硬招之一。

得知中国建筑工业出版社将要出版此次全国风景园林专业学位研究生竞赛的优秀作品，并嘱我代表主办单位之一的中国风景名胜区协会文化和旅游专家委员会写序。由于自己才疏学浅只能啰嗦几句。最后感谢我们竞赛的评委会专家，感谢参与竞赛工作的全体同志。尤其要感谢全国风景园林专业学位研究生教育指导委员会秘书处周春光老师，他花了大量的时间和精力，踏勘了现场，参与了与地方政府的洽谈，搭建和完善了竞赛平台，推动了竞赛的落地；《风景园林》杂志社申静霞编辑、建德市新安旅游投资有限公司的朱红霞总经理、建德市文化和广电旅游体育局刘光星副局长和王志强科长等做了大量卓有成效的工作。

当然，我们的竞赛，只是起了个头，还有许多地方需要不断完善、不断优化，也希望各位专家、学者提出宝贵意见，共同推进这项工作。最后祝我们风景园林专业学位研究生教育事业蒸蒸日上。

全国风景园林专业学位研究生教育指导委员会委员
中国风景名胜区协会文化和旅游专家委员会主任
2020 年 12 月 9 日于杭州嘉绿苑

P序三
Preface III

　　2019 年 6 月 18 日至 11 月 12 日历时 148 天的"新安江杯"严东关全国首个项目制旅游综合体设计竞赛终于完美收官。此事首先要感谢杭州市文化广电旅游局二级巡视员、中国风景名胜区协会文化和旅游专家委员会孙喆主任，在他的整体策划和全力推荐下，全国首个项目制旅游综合体设计竞赛项目落地建德。此竞赛为全国风景园林专业学位研究生教育指导委员会主办的风景园林硕士课程建设项目之一，是专业学位研究生教育水平评估、风景园林硕士学位授权点专项评估基本指标之一。

　　全国风景园林专业学位研究生教育指导委员会派周春光主任来建德考察，在建德市文化和广电旅游体育局、新安旅游投资公司和高铁新区的相关负责人陪同下，相继考察下涯黄饶半岛和严东关两个沿江湿地项目地块，最后经过专家委员会的研究，确定严东关地块作为设计竞赛项目选址。

　　一、竞赛目标明确，选题精准。此次竞赛围绕乡村振兴、城乡生态人居环境提升、生态特色城镇建设等主题，以深度推进城乡人居生态环境提升，创新城乡文化旅游产业发展模式为目的。该项目地块位于国务院 1982 年确定的第一批国家级风景名胜区"富春江——新安江风景名胜区"严东关景区，也是国家 4A 级七里扬帆旅游景区的重要组成部分。在景区控规中明确，严东关景区以梅城镇为中心，包括三江口、严东关和乌龙山的部分区域。此处景点资源丰富、历史背景浓厚、江景格局大气。梅城历史悠久，史称严州府，保留了较好的古城格局和一些历史古迹。新安江、兰江、富春江三江口江段江面开阔，两水相汇，形如"丁"字，南北两岸两峰对峙，"双塔凌云"，景色尤为壮观。严东关自古以来以独具特色的"严东关五加皮酒"闻名。该区域将成为建德旅游发展的又一个重点，应以展示严州文化为出发点，建设成为人文怀古型景区。项目地块位于风景区的核心地段，周边生态环境、视觉环境、文化环境、旅游产业发展背景等十分充分，相关的地形、交通条件、核心景区等制约因素也明显，因此作为风景园林研究生竞赛项目，是极好的选题。

　　二、竞赛参与度高，综合性强。本次竞赛面向全国 80 个风景园林硕士培养单位开放。竞赛报名中明确每个培养单位可选派多支队伍参赛，其中每支参赛队伍须有且只有 1 位风景园林硕士指导教师担任领队导师，有 4~5 名学生组队参赛，参赛学生以风景园林硕士（专业学位）为主体，可适当吸收建筑学、城乡规划学或环境艺术、旅游规划专业学生，但风景园林硕士须占参赛总人数 50% 以上。自发布竞赛通知以来，报名反响积极热烈。截至 2019 年 7 月 15 日 24:00（北京时间），2019 年"新安江杯"严东关旅游综合体设计竞赛共有 207 支队伍报名参赛，分布在 41 所高校中。截至 2019 年 9 月 15 日 24:00（北京时间），竞赛组委会共征集到 126 份设计作品。

　　三、竞赛过程认真，平台专业。报名参赛的 70 余所学校的各竞赛组学生均来到现场进行了实地踏勘，项目方负责人也对项目地块和周边的地理、历史、人文、经济、文化、交通，以及相关规划进行了集中解读介绍，有些竞赛小组还多次来到现场，进行实地考察，并与项目方相关人员进行深入交流，了解项目方需求，求真务实态度得到了项目方的肯定。竞赛入围评选和决赛评选分别聘请了十几名业内有实践经验的教授级高工，评选过程组织有序、认真公平，特别是最后决赛阶段，针对各小组的方案介绍，各位专家都给出了专业的提问和指导，全国风景园林专业学位研究生教育指导委员会副主任委员、中国风景园林学会副理事长、中国城市建设研究院副院长、教授级高级工程师王磐岩对整体的竞赛设计方案进行了综合点评，使各竞赛组学生在竞赛中得到了提升。在现场，各竞赛组还能开放作品参观，决赛阶段还能旁听方案答辩和专业点评，使各竞赛小组和学校间获得了交流学习的机会，专业交流平台效果显著。

四、竞赛产学研一体，成果优异。初赛组委会历经三轮紧张评选，评选出了前 50 强、前 30 强和前 15 强（入围决赛）参赛队伍。其中入围决赛的 15 个作品根据竞赛规程继续深化，采取现场答辩的方式进行评选，经过决赛组委会现场评审，评选出金奖 1 名，银奖 3 名，铜奖 5 名，优秀奖 6 名。特别是金奖方案，由北京林业大学竞赛小组团队提交的《青年乌托邦》获得，在生态人文化协同保护的建设理念下，方案更是采用现代青年人市场需求方的视角设计产品，在规划中引入运营管理的理念，将互联网科技与时尚元素设计综合运用，高票夺得花魁。入围的 15 个作品，他们都充分发挥了竞赛团队的专业水准，表现出良好的"准风景园林师"对于实际场地的综合控制能力、设计能力、提升能力，将最新的风景园林规划与设计理念、理论与技术同实际场地设计解决方案相结合，共同推动建德美丽城镇和美丽乡村建设，统筹协调乡村与城市可持续发展，解决梅城三江口区块景观建设的热点难点问题以及为未来严东关景区发展方向出谋划策。

竞赛后期启示：虽然此次竞赛早已结束，留下的是一批优秀的风景园林研究生和他们指导老师们共同创作的方案作品，但是由全国风景园林专业学位研究生教育指导委员会、中国风景名胜区协会文化和旅游专家委员会、中国风景园林学会教育工作委员会及地方政府、企业共同构建的竞赛平台，是留给中国风景园林设计教育界的宝贵财富。这个平台是一个让未来风景园林师能够学会立足当下、敢于创新、敢于突破的平台；能将风景园林专业与旅游产业发展，将生态人文的保护与利用，社会的现实与风景保护的未来有机结合的平台；是学生与导师、学院与专家、学院与政府共同交流发展的平台。通过竞赛的组织，项目方不仅得到了良好的设计规划思路和方案，也让高校大学生感受到了严东关景区的三江口的宏伟气势，品读了梅城古镇的悠悠历史，认识了建德的美丽江城。建德将张开双手拥抱你们的加入，未来的中国风景园林师！

浙江省建德市副市长

2020 年 12 月 14 日

C目录
Contents

"新安江杯"严东关旅游综合体设计竞赛由全国风景园林专业学位研究生教育指导委员会、中国风景名胜区协会文化和旅游专家委员会、中国风景园林学会教育工作委员会和浙江省建德市人民政府联合主办。

　　自2019年6月18日发布竞赛通知以来，受到广泛关注，反响积极热烈。截至2019年7月15日24:00（北京时间），2019"新安江杯"严东关旅游综合体设计竞赛共有207支队伍报名参赛，分布在41所高校中。截至2019年9月15日24:00（北京时间），竞赛组委会共收到126份设计作品。初赛评审专家历经三轮紧张评选，评选出了前50强，前30强和前15强（入围决赛）参赛队伍。其中入围决赛的15个作品根据竞赛规程继续深化，采取现场答辩的方式进行评选。决赛评选于2019年11月8日在浙江省建德市举行，经过决赛评审专家现场评审，最终评选出金奖1名，银奖3名，铜奖5名，优秀奖6名，颁奖典礼也于当天隆重举办。

一、组织机构

主办单位：

全国风景园林专业学位研究生教育指导委员会　　　　中国风景名胜区协会文化和旅游专家委员会

中国风景园林学会教育工作委员会　　　　　　　　浙江省建德市人民政府

承办单位：

建德市文化和广电旅游体育局　　　　　　　　　　浙江省建德市林业局

建德市新安旅游投资有限公司　　　　　　　　　　《风景园林》杂志社

协办单位：

浙江省建德市梅城镇人民政府　　　　　　　　　　《中国园林》杂志社

《园林》杂志社

官方媒体

《风景园林》杂志社

二、竞赛主题

逸游山水 文化繁荣

三、竞赛奖项设置

金奖1名，奖金8万元人民币；

银奖3名，奖金各5万元人民币；

铜奖5名，奖金各3万元人民币；

优秀奖6名，奖金各2万元人民币。

（以上奖金均含税）

四、评审委员会

初评专家委员会

主任委员

贾建中　中国风景园林学会秘书长，住房和城乡建设部风景园林专家委员会主任委员，教授级高级工程师

委　员（按姓氏笔画排序）

毛翊天　杭州园林设计院股份有限公司设计集团副总经理，教授级高级工程师

朱育帆　全国风景园林专业学位研究生教育指导委员会委员，清华大学建筑学院景观学系副主任，教授

朱红霞　建德市新安旅游投资有限公司总经理

张　浪　全国风景园林专业学位研究生教育指导委员会委员，上海园林科学规划研究院院长，教授

周玲强　浙江大学旅游研究院院长，中国风景名胜区协会文化和旅游专家委员会副主任，教授

郭青俊　全国风景园林专业学位研究生教育指导委员会委员，国家林业和草原局国家公园管理办公室副主任

竞赛监督组

组　长

孙　喆　全国风景园林专业学位研究生教育指导委员会委员，中国风景名胜区协会文化和旅游专家委员会主任

成　员（按姓氏笔画排序）

王志强　建德市文化和广电旅游体育局科员

周春光　全国风景园林专业学位研究生教育指导委员会秘书处办公室主任，副研究员

终评专家委员会

主　席

王磐岩　全国风景园林专业学位研究生教育指导委员会副主任委员，中国风景园林学会副理事长，中国城市建设研究院副院长、教授级高级工程师

委　员（按姓氏笔画排序）

叶同宽　杭州建德市风景旅游专家

朱红霞　杭州建德新安旅游投资有限公司总经理

李　勇　杭州园林设计院股份有限公司副总工程师、教授级高级工程师

赵　鹏　浙江省城乡规划设计研究院副院长、教授级高级工程师

夏宜平　全国风景园林专业学位研究生教育指导委员会委员，浙江大学园林研究所所长、教授

疏良仁　中国风景名胜协会顾问总规划师兼文化和旅游专家委员会副主任，上海同异城市设计总设计师、注册规划师、教授级高级工程师

竞赛监督组

主　任

李　雄　全国风景园林专业学位研究生教育指导委员会秘书长，中国风景园林学会副理事长兼教育工作委员会主任委员，教授

副主任

孙　喆　全国风景园林专业学位研究生教育指导委员会委员，中国风景名胜区协会文化和旅游专家委员会主任

成　员

周春光　全国风景园林专业学位研究生教育指导委员会秘书处办公室主任，副研究员

五、获奖名单

奖项	作品名称	参赛队员	参赛学校	指导老师
金奖	青年乌托邦 ——以青年为目标人群的严东关旅游综合体设计	郭祖佳、刘煜彤、陆叶、张万钧、周子路	北京林业大学	李雄
银奖	一卷山水·一脉生活	邓唐敏、杨菲、周子茹、董子萌、章立枝	天津大学	王洪成
银奖	诗酒严滩 ——文旅IP下严东关诗酒主题旅游新模式	朱英利、王与茜、许敏、马明杨、杨钦	四川农业大学	江明艳
银奖	久仰·酒养 ——严东关五加皮药酒康养主题旅游综合体设计	张清、郑青青、唐钟毓、许梦婷、王莉丽	浙江农林大学	陈楚文
铜奖	1+N完美假日计划	吴沿羲、王资清、黄槟铭、余启笛、丁呼捷	北京林业大学	王向荣
铜奖	不系之舟·山水之舟·心源之舟	刘滨钰、王微、彭冰聪、肖宛林	东南大学	陈烨
铜奖	千帆江畔·古酿水驿	李佩玲、李玉婷、林君雅、董青青	重庆大学	毛华松
铜奖	渔舟唱晚 ——以船游为特色的严东关景区规划	文楠、疏淑进、沈薇、杨志昊	北京林业大学	邵隽
铜奖	东关赋 ——基于1+X模式的严东关旅游综合体保护与利用	田宇、荆忠伟、麻彤彤、崔晓雅	东北林业大学	许大为
优秀奖	山水圩田 烟渚严州 ——圩田理论下的严东关旅游综合体规划	唐彧、黎雨松、卢虹羽、陈国珍、辛李鑫	西南大学	张建林
优秀奖	"月令" ——严东关慢镇新生活图式	邹怡蕾、钱吟柠、何嘉丽、徐煌诚	浙江农林大学	王欣
优秀奖	"少年村" ——严东关青少年研学旅游综合体设计	刘正浩、俞梦萍、叶秋伊、曾鸿铭	中国美术学院	康胤
优秀奖	探古寻梅 ——续写梅城故事	周道媛、刘锐、林静、开伟	中南林业科技大学	杨柳青
优秀奖	严东关十二时辰 ——基于"三生"理念的严东关旅游综合体规划设计	陈赓宇、方永立、韦通洋、颜梦琪	华南农业大学	高伟
优秀奖	烟水俱境 ——文旅互兴视角下的严东关山水旅游综合体规划	包太玉子、付影、钱莹、刘亚鹏、褚中原	西南林业大学	张继兰

初评专家现场考察 参赛团队现场考察

初评会议现场 初评专家委员会合影留念

终评会议现场

参赛团队汇报作品

颁奖典礼

终评会议参会嘉宾合影留念

D 设计任务书
Design Brief

　　根据《教育部关于改进和加强研究生课程建设的意见》以及有关加强专业学位实践教学的要求，全国风景园林专业学位研究生教育指导委员会联合中国风景名胜区协会文化和旅游专家委员会、中国风景园林学会教育工作委员会、浙江省建德市人民政府共同举办"新安江杯"严东关旅游综合体设计竞赛。

　　"新安江杯"严东关旅游综合体设计竞赛，旨在围绕乡村振兴、城乡生态人居环境提升、生态特色城镇建设等主题，以深度推进城乡人居生态环境提升、创新城乡文化旅游产业发展模式为目的，通过组织全国80个风景园林硕士培养单位以组队方式参与建德市梅城镇严东关地块设计竞赛，充分发挥"准风景园林师"对于实际场地的综合控制能力、设计能力、提升能力，将最新的风景园林规划与设计理念、理论与技术同实际场地设计解决方案相结合，共同推动美丽中国建设，统筹协调乡村与城市可持续发展，解决当下乡村景观发展热点难点问题以及为未来发展方向出谋划策。

　　"新安江杯"严东关旅游综合体设计竞赛是实现风景园林专业学位教育与产业需求对接、创新专业学位教育模式、深入推进风景园林专业学位研究生课程建设的创新，是对教育部关于专业学位研究生实践教学、案例教学及课程建设的策应。

一、竞赛主题

　　逸游山水、文化繁荣

二、竞赛内容

（一）设计背景

　　浙江省建德市下属古镇梅城曾为一千多年的州、府、路、署治所，留下了众多具有历史纪念性的古建筑、古碑刻、古墓葬、古文物等历史文化遗存。梅城地处新安江、富春江、兰江三江汇合处，水上交通十分发达，历史上曾是浙西、皖南、赣东、闽西北通往杭州的水上交通枢纽，也是新安江流域的政治、经济、文化、交通中心，历史上吸引了大批文人、墨客、仕宦、商贾来此经商、遨游、漂泊、吟咏，留下了上万件诗、词、书、画作品，为严州文化刻下了深深的印记，在唐代便有了"浙西唐诗之路"的雅称。梅城严东关区块位于梅城东入城口至乌石滩，整个区块位于三江口对岸，属于"富春江—新安江—千岛湖风景名胜区"范围，局部属于风景名胜区核心区，且属于AAAA级国家景区七里扬帆景区范围内。

（二）设计任务

　　1. 设计范围：严东关区域约1 km²。东至姚坞游客中心、西至老虎桥（该水湾建有古石板桥一座，主要材料尚存水底）、南至堤坝、北至北高峰（北峰塔）。

　　2. 资源现状：距严州古城约4 km、三都渔村约2 km（水面距离约500 m）、距"富春江小三峡"约2 km、距玉泉寺约2 km。姚坞游客中心为2015年新建，主要功能为东线游客集散及换乘，具备年游客接待量30万以上人次。区域内其他现有建筑均为20世纪70年代左右建成，总建筑面积10000 m²，为原蚕种场、鱼种场、畜牧场管理用房及五加皮酒厂。严东关五加皮最早在此生产，现有酒厂仍在生产。梅梓线靠山一侧严东关长寿院目前主要接待周边及外地老年人进行康养（土地面积约 5600 m²、建筑面积约 6000 m²）。

（三）设计要点

参赛者对现有江、山、塘、林、田等资源综合利用提出独特发展思路，打造高品质、高标准、可持续发展的旅游综合体。主要应体现以下要点：

1. 保持"三江口"景观的完美性、舒适性；

2. "严东关"历史文化的保护、挖掘、利用、传承；

3. 具有明确的旅游项目、游线组织策划；

4. 对空间、材料、色彩、体量、形式上的合理把握；

5. 道路交通、水电卫生等基础设施的配套。

（四）设计功能及规模

1. 区域景观改造及环境提升；

2. 现有房屋修缮和利用；

3. 新建设施功能明确并符合上位规划。

（五）竞赛成果要求

1. 最终竞赛成果为 A0 图板。请各参赛队在规定时间内向组委会提供 2 张电子版 A0 图板设计方案，参赛作品图板需在主办方提供的模板基础上进行编辑制作；设计方案应有能充分表达设计构思的总平面图和平、立、剖面图，效果图及分析图等，以及作者认为必要的图纸。

2. 参赛作品应满足下述条件：

（1）符合国家相关的规范、标准及规定，满足国家工程建设标准强制性条文；

（2）贯彻适用、经济、绿色、美观的建筑方针，追求科学、尊重自然，做到建筑与环境的协调，体现地域文化和民族特色；

（3）合理的空间布局及室内外环境的相互渗透；

（4）节能（包括合理利用绿色能源）、节地、节水、节材方面有所突破，充分体现现代绿色、环保、生态建筑的设计方向；

（5）满足功能需要的前提下，注重新技术和新材料的应用；

（6）充分体现对弱势群体的关怀，无障碍设计应到位；

（7）在解决行业技术难题方面有所突破；

（8）应具有显著的社会、经济和环境效益。

（六）参赛作品一律不退，请参赛者自留备份。主办方拥有参赛作品署名权以外的其他版权权利，包括但不限于发行权，展览权，信息网络传播权，出版权等，设计方具有署名权。

三、参赛要求

本次竞赛面向全国80个风景园林硕士培养单位开放。每个培养单位可选派多支队伍参赛，其中每支参赛队伍须有且只有1位风景园林硕士指导教师担任领队导师，有4~5名学生组队参赛，参赛学生以风景园林硕士（专业学位）为主体，可适当吸收建筑学、城乡规划学或环境艺术、旅游规划专业学生，但风景园林专业硕士须占参赛总人数50%以上。

竞赛为全国风景园林专业学位研究生教育指导委员会主办的风景园林硕士课程建设项目之一，是专业学位研究生教育水平评估、风景园林硕士学位授权点专项评估基本指标之一。

四、场地现状

五、建德市概况

自然条件：建德隶属于浙江省杭州市，位于浙江省西部、杭州市西南部的钱塘江中上游，东北与桐庐县交界，东与浦江县接壤，南与兰溪市毗连，西南邻龙游县和衢县，西北与淳安县为邻。建德是国家重点风景名胜区"富春江—新安江—千岛湖风景名胜区"的重要组成部分。17℃新安江水造就了建德独特的小气候，气候舒适期长达8个月，在全国属于"上位优势"，成为全国首个气候宜居城市。

历史人文：建德历史悠久，是古严州府的州府所在地，自古有"锦峰秀岭、山水之乡、旅游胜地"美誉，是国务院首批公布的44个国家级重要风景名胜区之一，古有"严陵八景"，今有"新安十景"。建德市有一座千年古镇，名为梅城，距今已有1700多年的历史。梅城有"半梅花城"的美誉，并同南京和北京合称"天下梅花两朵半"。作为严州文化的发源地，梅城拥有历史悠久的民俗文化和丰富多彩的民间艺术。"九姓渔民婚俗"和"严州虾灯"等渔家民俗，都是梅城珍贵的文化遗产。

旅游资源：建德旅游资源丰富，自然和人文景观众多，隶属"富春江—新安江—千岛湖"国家级风景名胜区。其中，严东关景区位于建德市东北部，东北接七里泷景区，西南接新安江景区，位于黄金旅游线中段，景区内人文荟萃，具有众多的体现地域历史文化特色的风景资源，包括梅城古镇、严东关、双塔凌云、乌龙山、方腊点将台、九姓渔村。

全国风景园林专业学位研究生教育指导委员会

中国风景名胜区协会文化和旅游专家委员会

中国风景园林学会教育工作委员会

浙江省建德市人民政府

二〇一九年六月十七日

逸游山水　文化繁荣

"新安江杯"严东关旅游综合体设计竞赛

Revel in Natural Landscape, Boost Cultural Prosperity

"Xin'an River Cup" Yandongguan Tourism Complex Design Competition

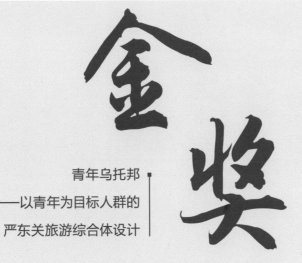

金奖

青年乌托邦
——以青年为目标人群的
严东关旅游综合体设计

图例：
1 摄影草坪
2 邂逅花坡
3 "爱"
4 情人桥
5 老虎桥
6 水上婚礼
7 观江绿道
8 朵颐水街
9 康养花园
10 酒厂博物馆
11 渔农生态牧场
12 17°社群中心
13 森林湿地码头
14 水上船坞
15 滨水栈道
16 萤火之森
17 水上
18 露天
19 七里
20 码头
21 入口
22 严东

0 70 210 420m

总平面图

<table>
<tr><td style="background:#000;color:#fff">金奖</td><td></td></tr>
</table>

青年乌托邦

——以青年为目标人群的严东关旅游综合体设计

参赛院校： 北京林业大学

参赛团队： 郭祖佳、刘煜彤、陆叶、张万钧、周子路

指导教师： 李雄

奖项名称： 2019 "新安江杯"严东关旅游综合体设计竞赛金奖

设计说明：

设计旨在打造以青年为目标人群的旅游综合体，以青年乌托邦为主题，焕新悠久严东关。以此制定特色性、超前性、准确性、触媒性四大发展定位，同时以青年IP精准对标旅游市场、发展问题、场地机遇三个层面的具体问题。

根据青年乌托邦的核心理念，从文化、社群、绿色、智慧四个角度出发，制定了 B.E.S.T. 最佳营建计划：B-BELIEF——文化焕新计划、E-ECOLOGY——绿色游览计划、S-SOCIETY——社群营建计划、T-TECHNOLOGY——智慧运营计划，游客可以通过云上乌托邦平台加入这四大计划中，成为青年乌托邦营建的一部分，同时这四大计划也帮助游客更好地探索场地。

以四大计划统筹整合资源，探索一种全新的旅游运营模式，搭载"云上乌托邦"的智慧平台、网络AI、物联网等技术手段，引发数字化全链条颠覆式的旅游变革，形成具青年时代特色的、超前的、保护开发于一体的"青年乌托邦"旅游综合体，并最终激发城市活力，促进城市发展，传承严东关精神。

李雄 北京林业大学教授　　　郭祖佳 北京林业大学

刘煜彤 北京林业大学　　　陆叶 北京林业大学

张万钧 北京林业大学　　　周子路 北京林业大学

■ 前期分析

区域景区风格雷同，竞争压力较大

严东关景区周边区域重要旅游区主要内容为自然风光/文创产业/江南水镇等，同质化程度较高，没有特色拳头旅游项目，地块在竞争上不仅优势，易被忽视。

缺乏体验式旅游活动，留不住人

从游客平均停留时间对比来看，游客在当地一路过或进行蜻蜓点水的观光式游览参观，导致人均旅游消费较低。当地缺乏体验式旅游项目，难以留住游客。

区域旅游发展问题

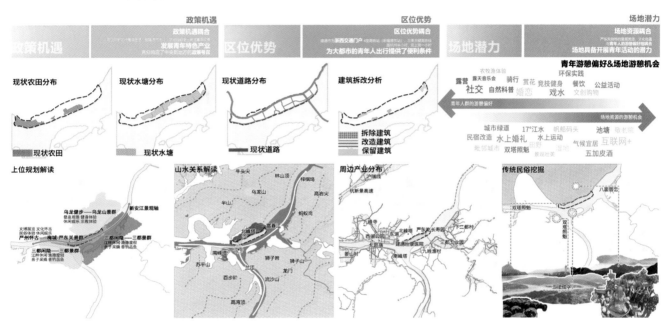

精准耦合青年 IP

■ 设计愿景

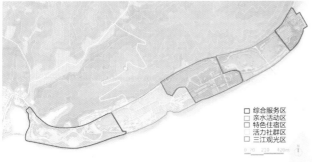

■ 设计策略

B-Belief 文化焕新计划

E-Ecology 绿色游览计划

S-Society 社群营建计划

T-Technology 智慧运营计划

功能分区

游览路线

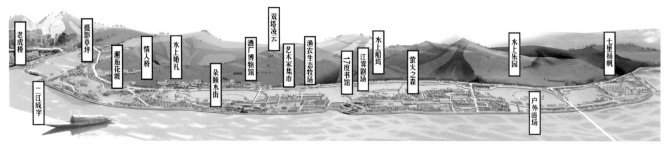

景观一览

■ Belief—文化焕新计划

山水画卷

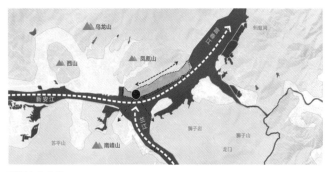

平面山水空间

规划设计场地位于新安江、兰江和富春江三江交汇处，河流自西南向东北，与周围山脉走向基本一致，山峰与狭长江面环绕场地决定了场地狭长的形态，同时拥有面向三江口的开阔界面，以及沿山沿水展开的线性观景面。

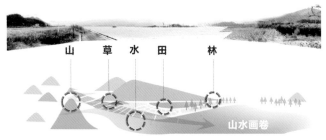

竖向山水空间

在自然山水的竖向关系上，规划设计场地南北两侧山峰与江面相夹形成了东西走向的一条景观视廊，在这条景观视廊上，场地外的山水环境与场地内的林田草地共同形成一条沿江铺开的山水画卷。

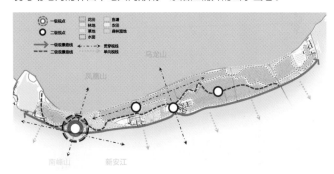

山水空间规划结构

场地内包含了两条山水观景路线，带领游客体验当地自然美景。以滨江堤顶路为一级山水观景路线，秀美的山水景色以及场地内的花坡、农田和森林湿地共同组成了沿江展开的自然山水画卷；以穿越树林、草地、鱼塘和森林小溪的二级路为载体的二级景观路线，为游人提供了相对安静、丰富精致的自然景观画卷。

文化游廊

文化资源

严东关历史底蕴丰厚，场地周边有多处历史文化景点，如梅城古镇、老虎桥和南北峰塔，同时也具有特别的民俗风情和特色生产生活场地。

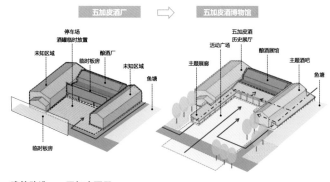

建筑改造——五加皮酒厂

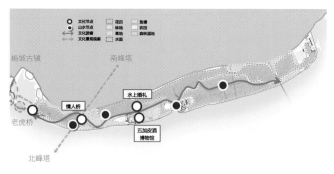

文化游线组织

在山水画卷的基底上，通过借景和框景的手法选取能够将周边的历史遗迹收入眼底的场地，并形成良好的文化景观视廊。通过在场地内举办水上婚礼、改造破旧五加皮酒厂为五加皮酒博物馆等手法，在旧的场地内置入新的体验活动，使文化焕发出新的活力。文化节点与山水画卷相结合，最终形成贯穿场地的文化游廊。

■ Ecology—绿色游览计划

低碳出行

园区北侧以水隔离形成封闭系统，无人驾驶电动车道联系东西入口，配合两级绿道体系并入杭州绿道，完善自行车道及服务设施系统。

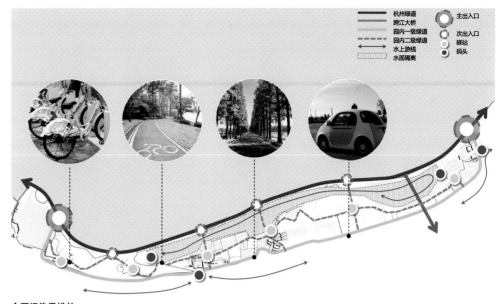

全园污染零排放

物质循环

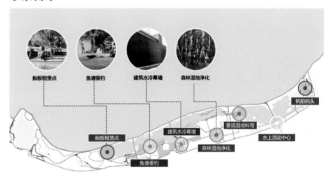

水系自净

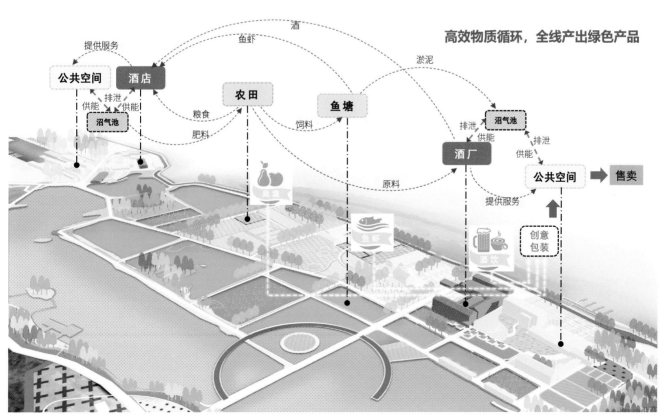

高效物质循环，全线产出绿色产品

产业布局

多样生境

在农田和水塘生境的基础上，构建了多样的滨水湿地群落和森林群落，丰富了生境种类，提高环境耐受能力和生物多样性。

多样的生境条件为珍稀动植物的生存繁衍创造了较好的条件，引入适宜的珍稀物种，兼具科普展示和保育繁育的功能。

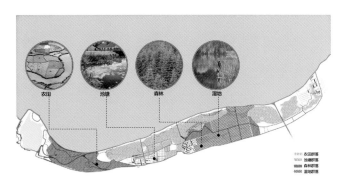

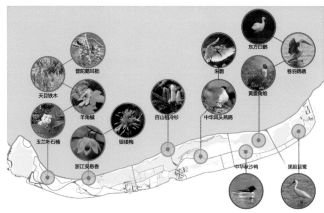

■ Society—社群营建计划

社群生活

居住方面：结合青年特征，打造廉价化、共享式、体验式的特色居住环境。

餐饮方面：将五加皮酒厂周边打造成以夜生活和酒文化为主题的餐饮中心，并结合周边农田打造自助式、参与式的青年农园。

居住

餐饮

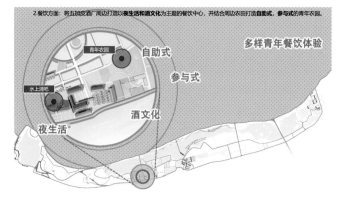

运动方面：衔接滨水城市绿道、水上游船航道、山区登山步道，将场地打造为区域康体运动的连接枢纽。

1.保留现状厂房肌理与结构作为活动广场；2.设置连廊创造院落环境；3.设置多样的滨水活动场地。

运动

17度滨水社群活动中心整体改造策略

公共活动

通过串联沿江的公共建筑（游客中心、社群中心）与小型公共活动场地（剧场、广场、驿站、码头），打造全长 4 km 的江岸青年文化带。

策划全年青年艺术、节事活动、吸引年轻艺术家，非遗艺人驻扎创作，游客通过云上平台实时参与，激发场地的艺术氛围。

公共空间体系

艺术活动策划

■ Technology—智慧运营计划

 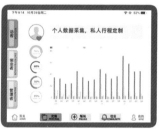  

 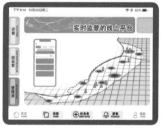  

逸游山水　文化繁荣

"新安江杯"严东关旅游综合体设计竞赛

Revel in Natural Landscape, Boost Cultural Prosperity

"Xin'an River Cup" Yandongguan Tourism Complex Design Competition

银奖

一卷山水·一脉生活

诗酒严滩
——文旅 IP 下严东关诗酒主题旅游新模式

久仰·酒养
——严东关五加皮药酒康养主题旅游综合体设计

严东关旅游综合体总体规划鸟瞰图

银奖

一卷山水·一脉生活

参赛院校： 天津大学

参赛团队： 邓唐敏、杨菲、周子茹、董子萌、章立枝

指导教师： 王洪成

奖项名称： 2019"新安江杯"严东关旅游综合体设计竞赛银奖

设计说明：

设计作品以"一卷山水·一脉生活"为主题，以"画卷+"为规划设计理念，依托现状场地中"山水——画卷"这条主线，串联起文化、农业、康养、科技、新媒体等业态，形成高附加值和溢出效应，营造"一卷山水承生态，一脉生活汇风华"的诗意画卷。本方案基于对场地的研究分析，提出五大设计策略、包括传承文脉记忆，延续严州怀古游览画卷，创造文史体验的古脉；强化田园肌理，营造水绿串联休闲画卷，重塑自然古朴的景脉；更新空间绿网，完善连续水岸绿道画卷，开展诗画山水的诗脉；科学开发运营，引入产业联动经济画卷，实现复合旅游的业脉；保护生态本底，串联低碳循环生态画卷，回归惬意灵动的慢脉。

虽然时代在变，人群在变，但山水仍在，风情仍在，历史隽永。工、农、商、角，在这片土地上其乐融融、生生不息。方案的发展定位为传承千年诗画山水，延续生态人居生活，将严东关区域打造成独具山水田园特色的旅游度假胜地，构筑建德旅游圈中感山水之美、享田园之乐、赏诗词之趣、品生活之雅的严东关一站式文化滨江休闲度假天堂和山水人文田园旅游综合体。

■ 周边分析

严东关地块与各大交通节点联系密切，综合交通发达，便捷融入国家公路网、高铁网，可实现与杭州 2 h 往返的"同城"生活，与建德 0.5 h 的"同城"生活。

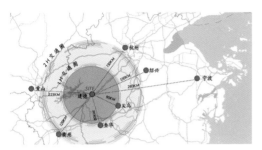

区域可达性分析图

名山名江名湖名城黄金旅游线路

可达性分析

区位特征分析

借景资源分析

■ 主题演绎

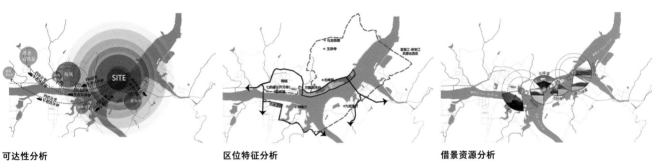

严东关古代
生活画卷　　　工 严东关船工　　农 农夫　　　商 商贩　　角 太子班戏曲表演者

严东关新时代
"生活+"画卷　　工 服务人员　　农 农产品经营者　　商 文创产出人员　　角 场地体验者（居民、游客）

■ 设计策略

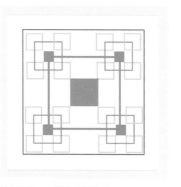

游览画卷——传承文脉记忆

休闲画卷——强化田园肌理

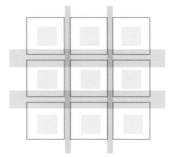

绿道画卷——更新空间绿网

经济画卷——科学开发经营

生态画卷——保护生态本底

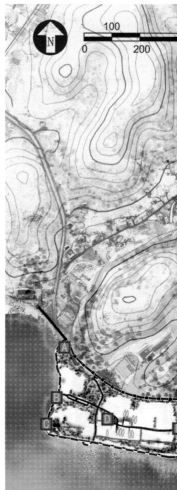

规划总平面图

■ 规划设计

六大主题功能分区

- 文化产业区：以智慧科技为手段，寓教于乐地传播严州文化，提升产业吸引力。
- 历史怀古区：凸显场所精神与历史文脉，营造对话古今的文化体验空间。
- 中心活动区：结合水岸景观，打造中心活动区，成为辐射周边景观节点的中转站。
- 山水康养区：以山水空间为脉，为滨水空间赋能，体验慢享健康生活。
- 分时果园区：保留原生农家生活，倾力打造成功的农业品牌，辐射周边城市，形成附加价值。
- 田野互动区：强化田园肌理，重塑自然古朴的原始景观，形成天然野趣田园画卷。

总体功能布局

规划空间结构

智能驿站系统规划

800m

传承千年诗画山水，延续生态人居生活

A 西侧主入口广场	E 老虎桥街接入口	K 双亭沁芳	P 广袤田园采摘点
B 农业公园	F 示范农田	L 康体健步道	Q 塘兔公园
C 东关埠古式街	V 东关埠（五加皮主题园）	M 水岸眺望台	R 游客体验中心
N 东关山水园（南）	N 东关山水园（北）	N 散点民宿	S 环礁水上舞台
浅塘湿地	R 分时果园	绿道驿站	T 折柳堤
W 三都公园	V 七里扬帆	东关驿站	

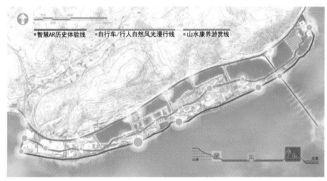

旅游路线系统规划

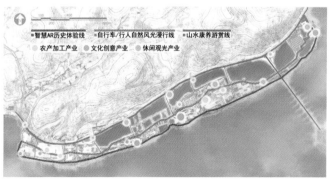

产业空间布局规划

交通组织规划

服务配套设施规划

■ 分区规划设计

文化产业区

文化工坊节点效果图

新乡野生活节点效果图

创客工坊节点效果图

历史怀古区

双亭沁芳节点效果图

折柳堤节点效果图

山水康养区

塘凫公园节点效果图

中心活动区

趣味戏水节点效果图

观景平台节点效果图

东关山水园（南园）节点效果图

分时果园区

分时果园节点效果图

田野互动区

广袤田园节点效果图

农业公园节点效果图

■ 专项规划设计

建筑更新设计

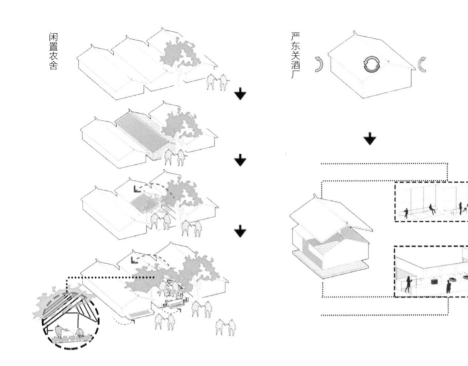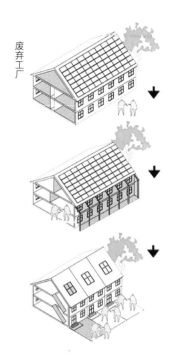

立面的层次丰富，打破原有屋顶结构，增补休闲廊架，挖掘场地活力。

明确外部空间与使用目的，并在入口处设置屏风等，使其空间性质更加明确。并使廊架与植物相结合，使老房子与周边山水的关系达到微妙的平衡。

立面的虚实层次进一步丰富。有高墙为实；也有半实半虚的竖向格栅提供西晒遮阳；同时玻璃为虚墙，以便更加突出酒厂的展示功能。

内部空间注重文化体验与参与的结合。既有酒厂文化讲解区；又有亲身体验区。

立面增加结构，保持原有外形基础上增加面积，外部空间延长处理形成外庭空间，扩展人群使用功能。

内部空间进行深入丰富，在关键节点增加隔断，扩大使用功能区，满足后续需求。

湿生植物 ■ 乔灌草藤 经济树种 田园作物

植物规划设计

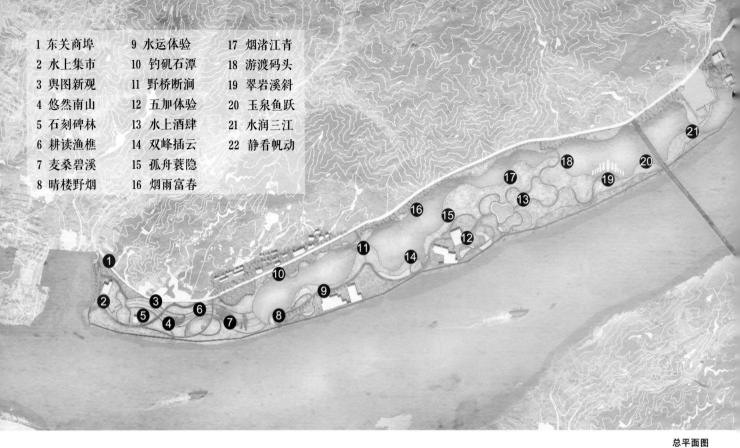

1 东关商埠　　9 水运体验　　17 烟渚江青
2 水上集市　　10 钓矶石潭　　18 游渡码头
3 舆图新观　　11 野桥断涧　　19 翠岩溪斜
4 悠然南山　　12 五加体验　　20 玉泉鱼跃
5 石刻碑林　　13 水上酒肆　　21 水润三江
6 耕读渔樵　　14 双峰插云　　22 静看帆动
7 麦桑碧溪　　15 孤舟蓑隐
8 晴楼野烟　　16 烟雨富春

总平面图

诗酒严滩
——文旅 IP 下严东关诗酒主题旅游新模式

参赛院校： 四川农业大学

参赛团队： 朱英利、王与茜、许敏、马明杨、杨钦

指导教师： 江明艳

奖项名称： 2019"新安江杯"严东关旅游综合体设计竞赛银奖

设计说明：

　　作品在深入分析严东关历史人文、自然、产业资源的基础上，提出两个思考，如何打造个性化的山水人文湖川型风景名胜区？如何重塑复合多元文化下独特的东关记忆？为解决这两个问题，我们通过提取地方特色文化符号、营造严东关特色文旅 IP、重塑东关记忆的手段，最终提出了诗酒严滩的设计概念。

　　我们的设计目标是重塑东关新印象，创新东关新体验，打造东关新业态和升级东关新智慧。并且通过续写·地文再生、连接·诗词为脉、织网·业态创新、植入·智慧严滩这四个具体策略实现。续写——千年严州，地文再生，通过提炼场地文化，打造场地文脉，传承创新。连接——诗词为脉，沉浸体验，通过诗词氛围造景，营造水上唐诗之路，诗意山水。织网——五加酒业，业态创新，以酒兴业，形成三产融合，一三主导的产业新格局，创新业态。植入——科技生态，智慧严滩，将新科技新生态植入景区，打造智慧诗酒文游 IP。

严东关地理位置优越，位于三江口，旅游资源十分丰富，包括富春江、新安江，人文景观众多，是我国东南部著名的"黄金旅游线"。同时这里有着悠久的酿酒史和丰富的酒文化，严东关的五加皮酒是我国著名的地方传统名优特产。严东关在杭州市特色鲜明，竞争优势明显。
场地位于严东关中部，三江口位置，有着丰富的旅游及文化资源，可以作为梅城文化的延续。

全域旅游

降水分析　气温分析　江水水位分析

江水径流量分析　江水含沙量分析

自然条件

项目位于亚热带北缘，季风气候，温暖湿润，雨量丰沛，四季分明。1月最冷，月平均气温 4.8℃，7 月最热，月平均气温 28.7℃。6 月降水最多，月平均降水 235 mm，11 月降水最少，月平均降水 50 mm。江河属钱塘江水系，受上游水库影响，水位变化、径流量变化较小，江水含沙量较低，水质较好，景观效果突出。

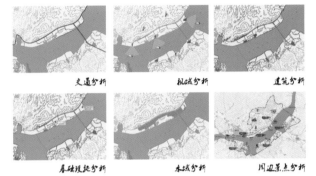

交通分析　枫城分析　建筑分析

基础设施分析　水域分析　周边景点分析

现状分析

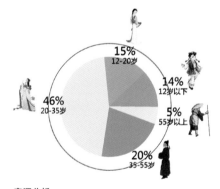

15%
12-20岁

14%
12岁以下

46%
20-35岁

5%
55岁以上

20%
35-55岁

严东关旅游地客源主要来自周围地区，如长三角地区，部分来自于中部及珠三角地区，少量来自于西部与北部地区以及海外。
来该地区旅游的游客多为 20 至 35 岁的青年，少部分是其他年龄段的游客。

客源分析

人文景观

玉泉寺　方腊点将台　北峰塔

古城墙　老城桥　东关埠

景观性
体验性
文化性

春江农园

云林深处　江枫渔火

南峰翠色　沧浪垂钓　渔歌唱晚　姚坞帆影

自然景观

严东关景区范围内主要有 6 个风景资源点，其中自然景源 1 个，人文景源 5 个，包括梅城古镇、严东关、双塔凌云、乌龙山、方腊点将台、九姓渔村，此外还有富春江国家森林公园等。

旅游资源分析

游山玩水：42%　　人文景观：28%　　休闲旅游：24%　　其他：6%

旅游倾向分析

春
自驾游　摄影　家庭旅游
饮酒赋诗
三月　四月　五月

夏
避暑胜地
赛龙舟　荷花节
六月　七月　八月

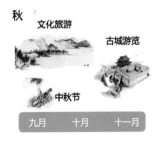

秋
文化旅游
古城游览
中秋节
九月　十月　十一月

冬
奇雾景观　赏花灯
剪纸　舞龙

季节旅游分析

优势 Strengths
水域大，水面广，森林覆盖率高，生态环境优越
位于严东关景区重要位置，旅游资源丰富
紧邻梅城，历史遗迹众多，人文价值极高

劣势 Weaknesses
无成型的景观游览空间布局，也无完善的旅游路线规划
文化资源内涵有待进一步挖掘

机遇 Opportunities
国家级风景名胜区两江一湖风景区中的重要景区
定位为"以诗画山水和严州文化为特色的山水人文景区"
杭州大西进"远郊西进"中的重要旅游点

挑战 Challenge
人文资源灭失较多，文化特色不显著
区域内外过大的水域面积，易造成游客审美疲劳
区域周边旅游发展蓬勃，旅游业竞争较大

SWOT 分析

山水格局分析

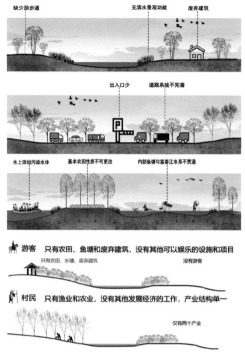

缺少游步道　无滨水景观功能　废弃建筑

出入口少　道路系统不完善

水上活动污染水体　基本农田性质不可更改　内部鱼塘与富春江水系不贯通

游客　只有农田、鱼塘和废弃建筑，没有其他可以娱乐的设施和项目
只有农田、水域、废弃建筑　　　没有游客

村民　只有渔业和农业，没有其他发展经济的工作，产业结构单一
仅有两个产业

现状问题分析

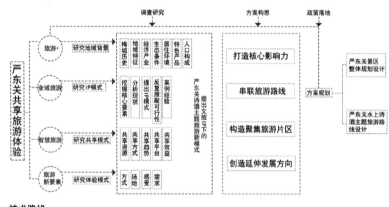

技术路线

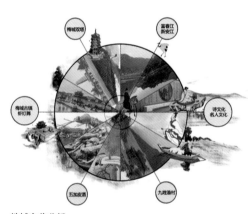

地域文化分析

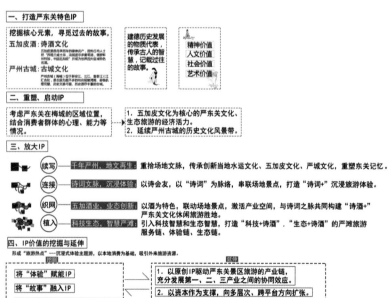

总体策略

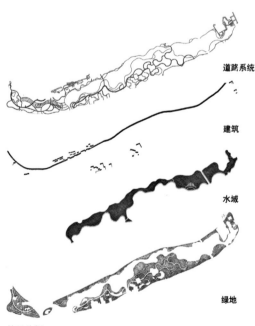

道路系统

建筑

水域

绿地

总平分析

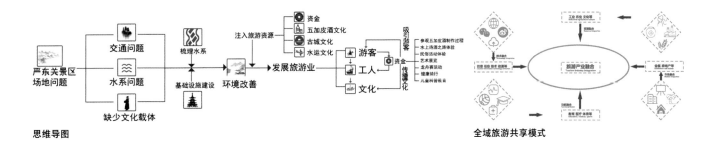

思维导图

全域旅游共享模式

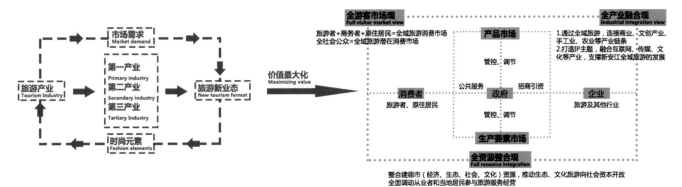

三产联动 经济赋值

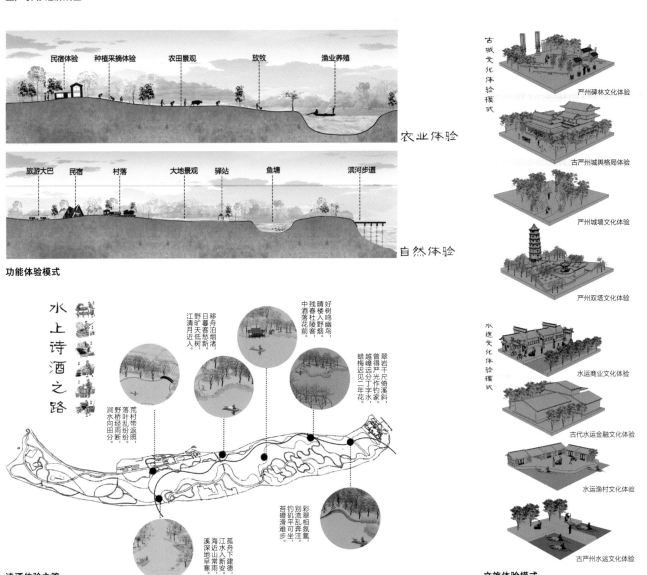

功能体验模式

水上诗酒之路

诗酒体验之路

古城文化体验模式

严州碑林文化体验

古严州城舆格局体验

严州城墙文化体验

严州双塔文化体验

水运文化体验模式

水运商业文化体验

古代水运金融文化体验

水运渔村文化体验

古严州水运文化体验

文旅体验模式

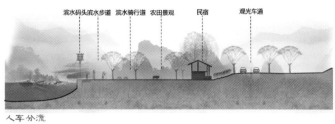

滨水码头 滨水步道　滨水骑行道　农田景观　　民宿　　观光车道

人车分流

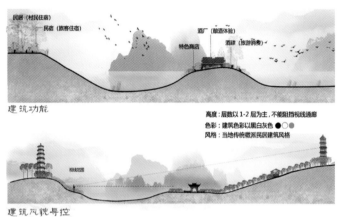

游览绿道　　　内部水系　　　　观景平台　游览步道　　车行道

游线与功能交通分开

交通策略

民居（村民住宿）
　民宿（旅客住宿）　　　　　　酒厂（酿酒体验）
　　　　　　　　　　特色商店　　酒肆（旅游消费）

建筑功能

高度：层数以1-2层为主，不能阻挡视线通廊
色彩：建筑色彩以黑白灰色 ●○◑
风格：当地传统徽派民居建筑风格

规划范围

建筑风貌导控

建筑策略

农田生态
　　　　　　生态浮岛1　　　　　　　　　游园生态
　　　　　　　鱼塘生态　　　　　　　　生态驳岸　河湖生态　生态浮岛2

生态浮岛1：

水面浮床
浮体圈
沉水网箱

水面浮床可以栽植不同陆生植物及蜓水植物，美化鱼塘景观；沉水网箱内放置鱼虾等水生动物，过滤水体；浮岛可根据需要片状或带状组合，提高鱼塘水体质量。

生态浮岛2：

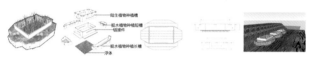

陆生植物种植槽
挺水植物种植短槽
链接件
挺水植物种植长槽
浮体

各种槽槽内栽植各类植物，提高河湖景观效果；浮体由若干浮球组成，根据需要调节数量，同时活化下层水体；装置整体拟船型，达到生态保护，污染防治的同时，减小对水流的阻力，还能增强景观美感。

生态驳岸：

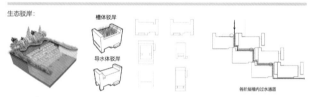

槽体驳岸
导水体驳岸
各阶梯槽内过水通道

改善防御水土流失，提高河湖水体质量；创造水陆过滤带，解决防治生物栖息地萎缩的问题，保护生物多样性。

生态策略

鸟瞰图

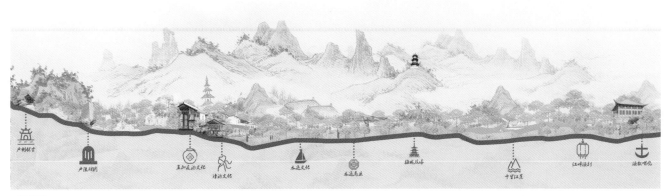

下层剖面

东关商埠

双峰插云

静看帆动

水上酒肆

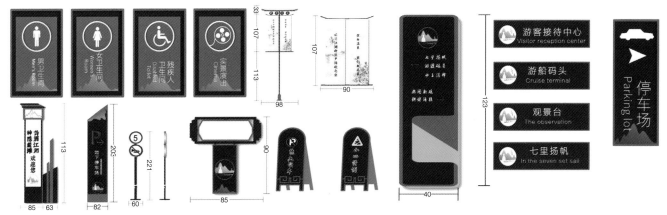

导识标志

香兼兰芷浓
甘醇醉李白
越酒行天下
严州数第一

陆游

鸟瞰图

银奖

久仰·酒养
——严东关五加皮药酒康养主题旅游综合体设计

参赛院校： 浙江农林大学
参赛团队： 张清、郑青青、唐钟毓、许梦婷、王莉丽
指导教师： 陈楚文
奖项名称： 2019"新安江杯"严东关旅游综合体设计竞赛银奖

设计说明：

设计背景：在两山论与新发展理念的新要求以及我国"大健康"时代开启的大背景下，梅城严东关区块作为建德市严州古府建设的重要组成部分，其业态、景观、服务设施都需要进行规划和设计，提升其生态保护、景观游憩的功能。

设计构思：通过对设计场地区位特征、自然资源、历史积淀、发展定位等方面的综合分析，选择以严东关五加皮酒为核心的历史文化及五加皮药酒产业作为场地旅游发展的核心特色，并对五加皮药酒文化及产业进行挖掘及提升，以生态康养型旅游为主要定位，打造特色旅游综合体。

总体定位与设计主题：以三江两岸、田园风光为自然资源本底，以严东关五加皮药酒文化为特色，以康养、休闲、度假为主要功能的生态旅游综合体；以久仰·酒养作为设计主题。

总体设计：形成一心两核，一带四区的总体布局结构，分别结合场地现状及特色功能定位打造：酒教——问农休闲田园区；酒造——知酒创意孵化区；酒家乐——民俗生活体验区；酒氧区——康体养生度假区。

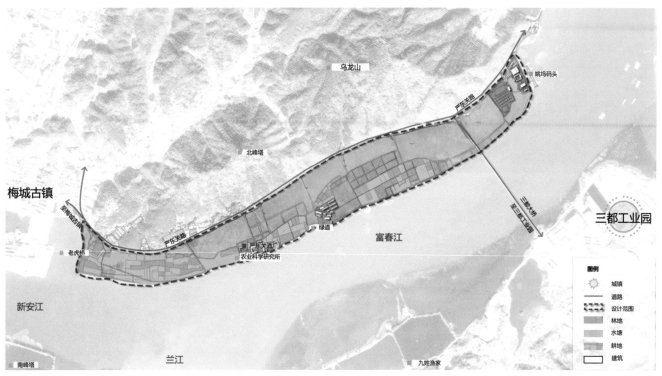

现状分析

酒历史文化分析

生态引领	▮▶	活化水系, 保护自然基底
文化提升	▮▶	面向未来, 植入经典五加皮
经济活化	▮▶	转型产业, 定位旅游主体
空间营造	▮▶	借景山水, 展现特色空间
交通支撑	▮▶	竖向顺接, 灵活旅游动线

设计目标

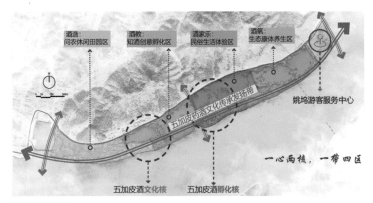

酿造:
问农休闲田园区

酒教:
知酒创意孵化区

酒家乐:
民俗生活体验区

酒氧:
生态康体养生区

五加皮药酒文化传承发扬带

姚坞游客服务中心

一心两核, 一带四区

五加皮酒文化核　　五加皮酒孵化核

总体结构布局

N

0　50　150　300m

▮▶ 景区入口
⊡ 紧急出入口
⬚ 开放式水闸

连通梅城古镇

总平面图

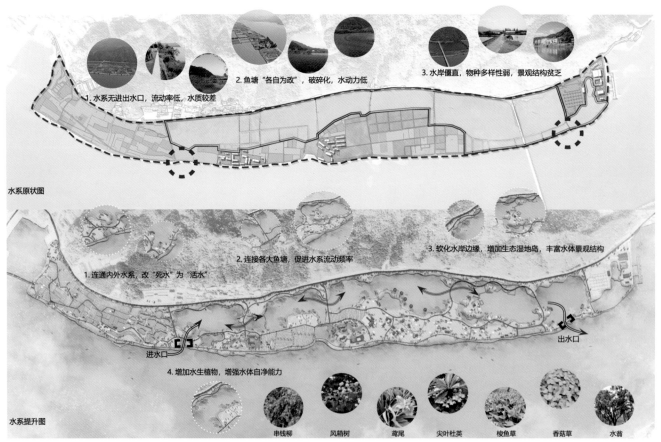

1. 水系无进出水口, 流动率低, 水质较差

2. 鱼塘"各自为政", 破碎化, 水动力低

3. 水岸僵直, 物种多样性弱, 景观结构贫乏

水系原状图

1. 连通内外水系, 改"死水"为"活水"

2. 连接各大鱼塘, 促进水系流动频率

3. 软化水岸边缘, 增加生态湿地岛, 丰富水体景观结构

进水口　　　　　　出水口

4. 增加水生植物, 增强水体自净能力

串钱柳　风箱树　鸢尾　尖叶杜英　梭鱼草　香菇草　水翁

水系提升图

水系梳理设计

18 智慧农耕园生态廊
19 田野里的垂直观景台
20 作物收割平台
21 临江眺台
22 阳光青草大台阶
23 稻田野渔
24 临湖休憩处
25 晓耕桥
26 藕香榭
27 水上秋千
28 杞柳沼堤
29 生态浮岛
30 塘西码头
31 "仰懑与渔"广场
32 研酒中心
33 莳花田
34 亲水大阶梯
35 斗酒中心
36 游船停靠点
37 食疗馆
38 泥地蹴鞠场
39 塘东码头
40 观湛大草坪
41 康体 SPA 馆
42 氧廊
43 手作疗愈馆
44 仰光瑜伽台
45 游客停车场

节点一览:

1 蚂蚁百草园
2 互动探江观景台
3 智慧农耕线下体验中心
4 稻鱼套养活动区
5 绿道驿站
6 保留酒厂旧址作酒文化馆
7 渔趣垂钓区
8 采菱台
9 酒家乐创意集市
10 酒家乐酒店服务中心
11 林下休闲会馆群
12 水上小屋
13 酒艺馆
14 "五 +"康养中心
15 杉林迷宫
16 塘下塔影
17 姚坞游客中心

水上小屋效果图

亲水平台夜景效果图

蚂蚁百草园效果图

塘下塔影效果图

酒家乐效果图

酒教——问农休闲田园区

该区块为五加皮药酒文化传承发扬带的起始段。本区块依托原有良好的农田资源，以五加皮药酒酿造原料为种植主体，打造以田园自然教育为主题的农耕体验园。通过开展田间休闲体验活动、展示五加皮药酒酿造原料的生产过程，加强对这些酿造原料的实践认知，创造独一无二、寓教于乐的田园亲子体验，营造独特的严东关五加皮酒的认知印象。

酒造——知酒创意孵化区

该区块为五加皮药酒文化传承发扬带的精华段。本区块依托原场地保留的严东关酒厂旧址，拥有五加皮酒古法酿造工艺展示、历史文化故事现场演绎、酒产品孵化研制等系列内容，形成了包括五加皮酒发展轴线景观、酒文化馆、酒艺术馆、研究中心等酒文化集群，通过深刻挖掘五加皮酒的历史文脉，孵化创新型五加皮旅游活动和产品，为旅游综合体的进一步发展创造有利条件。

酒家乐——民俗生活体验区

该区块为五加皮药酒文化传承发扬带的高潮段。引入"酒家乐"概念，集吃、住、游、购等为一体，体验酒家生活的新型旅游模式，包括开发药酒主题民宿、各类酒肆、中华斗酒中心、酒家民俗风情街等。通过开展与酒文化相关的文旅三产，为场地注入源源不断的人气和生命力，从而带动当地经济发展，重现酒家灯火万家明的胜景。

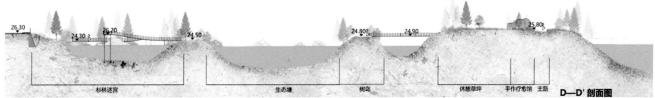

酒氧——康体养生度假区

该区块为五加皮药酒文化传承发扬带的升华段。引入"酒养"概念，此酒是指药酒，围绕药酒养生，在清幽水域设置药酒 SPA 馆，在岛间设置杉林迷宫，在近岸种植多样水生植物、设观景点与北峰塔对望，围绕五加皮药酒的强体疗愈功能，将多种康体养生活动有序布局于各优质景点。

逸游山水　文化繁荣

"新安江杯"严东关旅游综合体设计竞赛

Revel in Natural Landscape, Boost Cultural Prosperity

"Xin'an River Cup" Yandongguan Tourism Complex Design Competition

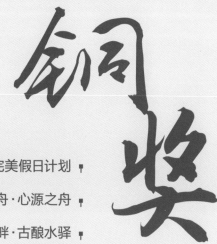

铜奖

农田风貌区
1. 老虎桥文化平台
2. 三江口观景廊
3. 游船码头
4. 神泉监遗址公园
5. 建筑基础改造景观台
6. 保留现状水系

鱼塘风貌区
1. 农田肌理观景台
2. 瑜伽草坪
3. 酒吧街室外展厅
4. 酒吧街
5. 水运博物馆
6. 酒文化博物馆
7. 观景栈道
8. 建筑改造休息区
9. 游船码头
10. 保留水系
11. 水心剧场

湿地风貌区
1. 湿地观景看台
2. 综合服务中心
3. 湿地度假区
4. 观光农田
5. 农田观光平台
6. 有机集市
7. 停车场
8. 度假接待中心
9. 湿地净化区

山水风貌区
1. 水上运动中心
2. 运动沙滩
3. 山水活动区
4. 景观码头
5. 山水园大入口广场
6. 绿道综合服务中心
7. 亲子活动场
8. 山水园出入口
9. 游船码头
10. 停车场
11. 大型对外停车场

平面图

1+N 完美假日计划

铜奖

参赛院校： 北京林业大学

参赛团队： 吴沿羲、王资清、黄槟铭、余启笛、丁呼捷

指导教师： 王向荣

奖项名称： 2019"新安江杯"严东关旅游综合体设计竞赛铜奖

设计说明：

每一位游客，都可以在严东关内，享受他的专属假日。

设计结合上位规划、场地历史、现状特征，将整个严东关场地划分为一带四区，即一条东西向的游览序列和按照风貌划分的四景区：东边规划的山水风貌区，现状为鱼塘的鱼塘风貌区、湿地风貌区，以及最西边保留大部分田地的田园风貌区。整个序列将从东边的大型集散中心姚坞旅游点开始，山水风貌区象征着人类对自然的利用改造以及人与自然和谐共处，逐渐往西是湿地区、鱼塘区、农田区，不同区域的转变可以将游客逐步引导至农耕文化，直至最西端的梅城——一座有着独特历史的古城。

设计围绕旅游综合体，对场地的潜在游客进行调研，并将游客分为观光游览、会务旅游、休闲度假和康体人群四种。严东关这块场地本身也具有极大的旅游接待潜力，以此衍生多种旅游体验的需求，其中最主要的功能诉求是旅游住宿、康体运动、商业购物、文化展示、观光游览、休闲娱乐六类。

我们希望这块场地可以成为激发旅游潜力的活力引擎，能够吸引多样人群并带给他们完美体验，实现串联古今的作用，帮助游客感受到消逝的地域文脉。由此提出：在这里给每一个游客定制 1+N 完美假日计划的规划愿景。

■ 场地历史分析

三江两岸沿线自然、人文旅游资源丰富，游客人流量大，客源类型十分多样。位于三江两岸南段的严东关景区具备巨大的游客流量、类型优势。但是，严东关相比三江两岸的其他旅游资源，作为传统观光旅游区具有一定的弱势。

根据2014年浙江旅游业发展报告，杭州市旅游人群主要包括观光游览人群，会展商务人群、休闲度假人群和群体运动人群。其中，过夜游客数量少于一日游客数量，并且过夜游客数量呈持续下降趋势。

■ 三江两岸旅游资源分析

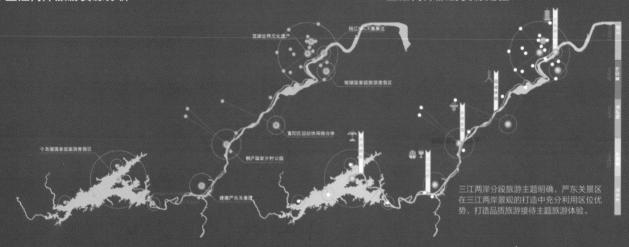

■ 三江两岸旅游资源定位

三江两岸分段旅游主题明确，严东关景区在三江两岸景观的打造中充分利用区位优势，打造品质旅游接待主题旅游体验。

■ 规划平面

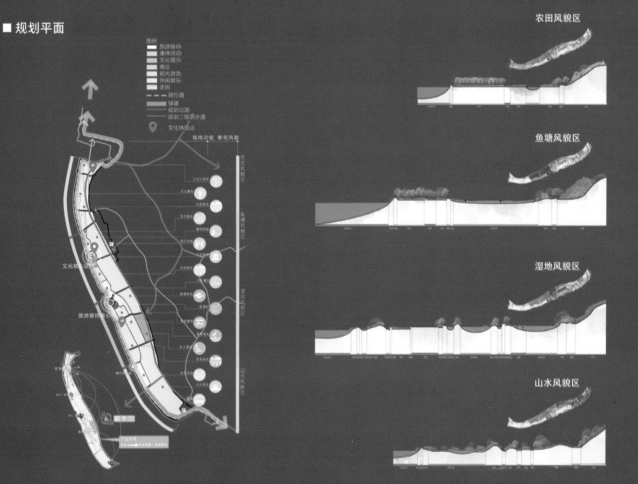

农田风貌区

鱼塘风貌区

湿地风貌区

山水风貌区

■ 场地现状

现状
一级游步道
二级游步道
三级游步道
码头
停车场

规划
机动车道
二级游步道线
短程水上游线
码头
停车场

交通分析：场地北侧紧邻城市主干道，有多个公交站点分布，场地内部有车行桥梁穿过，沿江分布有3个码头，水上交通便利，另有三江两岸滨江绿道穿越场地

旅游设施分析：现状旅游设施较少，以姚坞码头区域为主

旅游资源分析：场地内部相比场地周围旅游资源较少，场地内以人文旅游资源为主

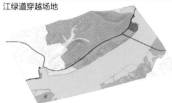

现状用地
风景点建设用地
风景点建设用地
居民点建设用地
内部交通用地
环境工程用地
林地
耕地
养殖场用地
水域
滞留用地

用地分析：场地内以农田、鱼塘、林地为主，有少量建筑用地

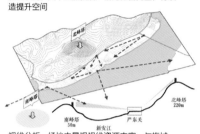

建筑分析：场地内的现状建筑主要分布在场地中部以及东北侧姚坞码头片区，姚坞码头片区建筑质量较高，其中五加皮酒厂格局保留完整，有改造提升空间

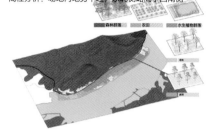

高程分析：场地内地势平坦，东北侧略高于西南侧

产业分析：场地内现状产业以农业为主，此外还包括林业、渔业和少量制造业以及服务业

农业
林业
渔业
制造业
服务业

视线分析：场地内景观视线资源丰富，与梅城、南峰塔、三江交汇口等有良好的视线关系

植被分析：场地内东西方向景观风貌分段明显，由西至东依次为田园风貌、鱼塘风貌、湿地风貌、山水风貌

森林群落　农田　水生植物群落

功能诉求

文化记忆

水运文化
山水文化
民俗文化
酒文化

1. 功能：三江两岸的区位优势为场地提供了多种类型的潜在客源，场地具有极大的旅游接待潜力，并以此衍生多种旅游体验的需求；同时，三江两岸的旅游资源十分丰富，相比而言场地内的旅游功能在游览观光方面缺乏优势；

2. 景观特征：场地内的景观要素丰富，包括田、塘、堤、圃、林等，山水格局连续，视线丰富；

3. 人文记忆：场地的水上商运文化深远，但现状人文风情不复存在，浙北民俗民居消逝；

4. 产业结构：场地内现状为以第一产业为主的单一产业结构，同时有以五加皮为代表的特色产业。

景观特征

产业结构

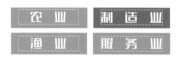

农业　制造业
渔业　服务业

■ 规划策略

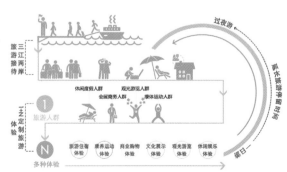

■ 节点效果图

■ 建筑专项

建筑总体规划

商业购物——酒吧街、有机农产品集卖区等
文化展示——五加皮酒文化博物馆、水运博物馆
游客综合服务——广东关游客中心、姚均等
疗养住宿——湿地度假屋、姚均假日酒店等

图例
改造建筑
新增建筑
保留建筑

酒文化博物馆设计图解

建筑围合的半开敞院子用于堆放酒坛
厂房与建筑相连形成底层生产空间
两层的员工工作和生活空间

解析原有的空间结构

拆除厂房表皮，建立二层平台
建筑内部隔墙打通建立展示长廊

保留建筑原有空间结构，拆除部分外墙

打破建筑封闭的外墙，展示内部生产生活空间结构

产品陈列
酿酒体验
资料展示
休闲餐饮
公共活动

建筑外立面的更新与功能引入

功能分区

图例
服务大厅
酒文化资料馆
草坪展览
酒香影院
一层生产设施展示
二层特色餐饮
一层酸醴体验馆
二层陈列馆

游线设计

图例
→ 观展游线

材料

景观材料
瓦片
防腐木

建筑外立面材料
瓦片
玻璃
白墙
木搭栅
装饰瓦片

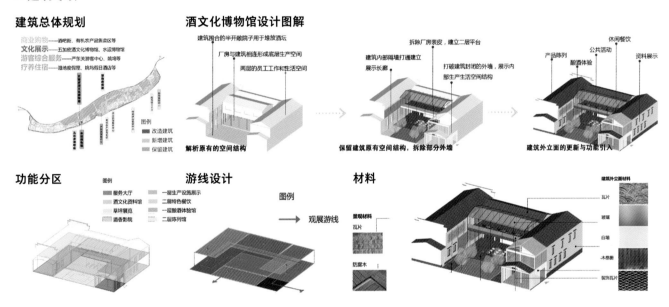

水运博物馆设计图解

① 去除厂房表皮，保留框架结构

② 结合水与船的意向，嵌入波浪屋顶

③ 增加空间分隔

④ 内部功能置换
资料展示
纪念品售卖
入口导览
员工办公

博物馆功能分区

图例
博物馆入口大厅
展览区域
公共活动区域
纪念品售卖区域
办公区域

博物馆游线设计

图例
→ 观展游线

材料

景观材料
花岗岩
防腐木
透水砖

建筑外立面材料
瓦片
玻璃
白墙
木格栅

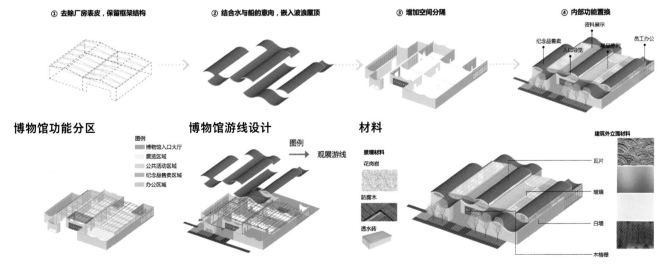

■ 交通专项

机动车 / 船   非机动车

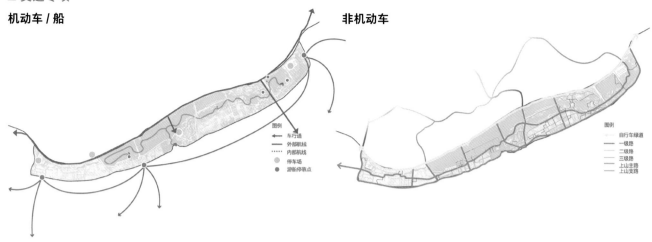

■ 文化专项   ■ 边界改造专项

文化设施规划

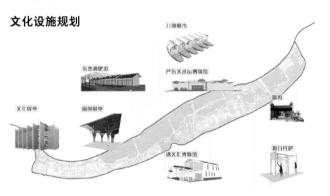

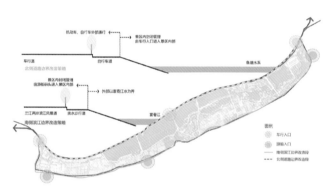

■ 竖向及水系设计专项

文化标识系统规划

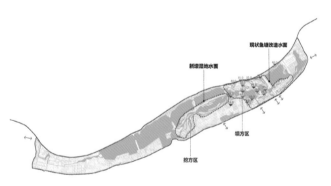

■ 驳岸专项

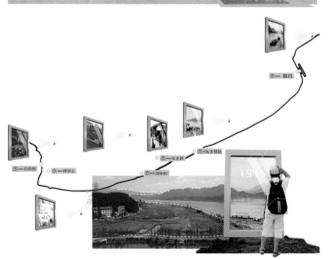

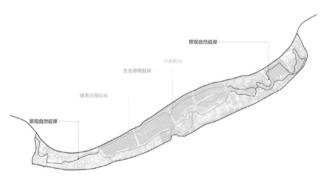

■ 驳岸专项

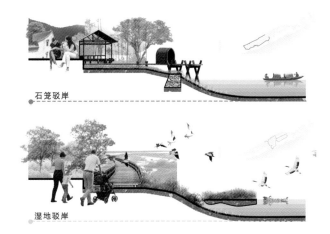

石笼驳岸

沙滩驳岸

湿地驳岸

自然驳岸

■ 植物专项

银桂　金桂　云南黄馨　杜鹃　丹桂　四季桂

杜英　樱花　碧桃　西府海棠　玉簪　鸢尾

水杉　垂柳　枫杨　云杉　落羽杉

小香蒲　旱伞花　千屈菜　梭鱼草　黄菖蒲

蓝蝴蝶　白蝴蝶　再力花　栾树

水杉　垂柳　枫杨　山樱　日本樱花　碧桃　　小香蒲　旱伞花　千屈菜　梭鱼草　黄菖蒲　　垂柳　水杉　日本樱花　碧桃

蒲苇　金丝桃　云南黄馨　玉簪　绣球花　无刺枸骨　　　　　　　　　　　　　金丝桃　绣球花

水杉　千屈菜　梭鱼草　　无患子　珊瑚朴　枫杨　乌桕　白晶梅　杏　红梅　白三叶　　银杏　广玉兰　乌桕　鸡爪槭

荷花　黄菖蒲　　黄金菊　鼠尾草　波斯菊　狗牙根　　珍珠绣线菊　麦冬

■ 智慧专项

■ 四种人群的完美假日计划

舟宿观双塔

铜奖

不系之舟·山水之舟·心源之舟

参赛院校： 东南大学

参赛团队： 刘滨钰、王微、彭冰聪、肖宛林

指导教师： 陈烨

奖项名称： 2019"新安江杯"严东关旅游综合体设计竞赛铜奖

设计说明：

  在全域旅游的背景下，方案将严东关景区定位为三江口的水上旅游集散中心，整合水陆交通流线与周边众多景点串联，在景点内容、形式、文化等方面全面衔接。

  严东关位于三江交汇口的夹江水域，整个场地田埂堤坝岸线形态构成了三江口上的一帆不系之"舟"，安然优雅地漂浮于水面之上，与江水相映，柔和共鸣；三江两山间，这里远离尘嚣，被自然与宁静环绕，风景秀美，气候宜居，俨然是山水之间的生态绿"洲"；旅游项目围绕"渔""技""享""田"四条主线展开，以十二时辰为概念，在场地的线形空间中放置十二驿站，全天候覆盖整个场地的智能旅游服务，让游人们在此体验到"宿一舟，泛三江，七里扬帆，十二时驿"。通过传统与现代智慧的碰撞，依托气候资源和宜居环境，将严东关打造为建德市一处供游人共享的大自然沉浸式体验区，让游人在"渔舟卧看云雾里，桑田侧听蛙鸣声"中感受身心的平静圆融，使之成为大家心中的心源之"舟"。

■ 设计愿景

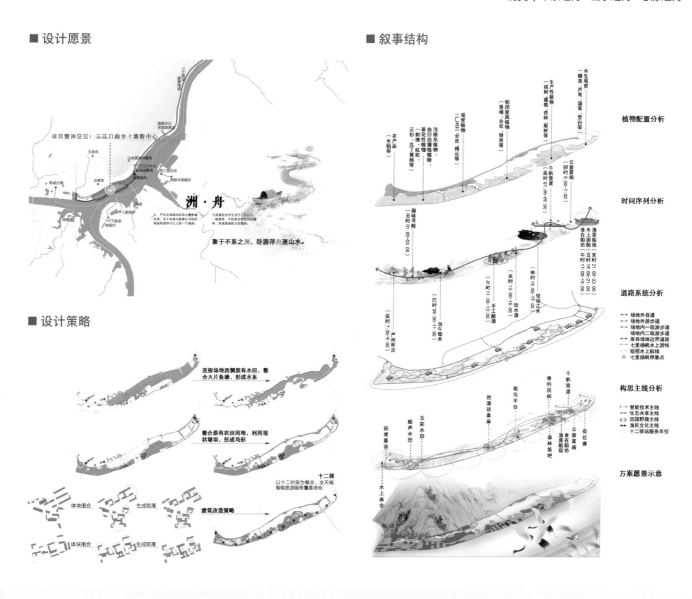

洲·舟

秉于不系之洲，卧游浮舟逐山水。

■ 设计策略

连接场地西侧原有水田，整合大片鱼塘，形成水系

整合原有农田用地，利用现状堤坝，形成岛形

十二驿
以十二时辰为概念，全天候智能旅游服务覆盖场地

体块围合　　生成院落

体块围合　　生成院落　　建筑改造策略

■ 叙事结构

植物配置分析

时间序列分析

道路系统分析
⇄ 场地外县道
→ 场地外游步道
→ 场地内一级游步道
⋯ 场地内二级游步道
⇢ 原有场地界道路
—— 七里扬帆水上航线
⋯ 短程水上航线
● 七里扬帆停靠点

构思主线分析
⟷ 智能技术主线
⟷ 生态共享主线
⟷ 田园野趣主线
⟷ 渔民文化主线
⋯ 十二驿站服务半径

方案愿景示意

酒厂改造透视

■ 旅游策划

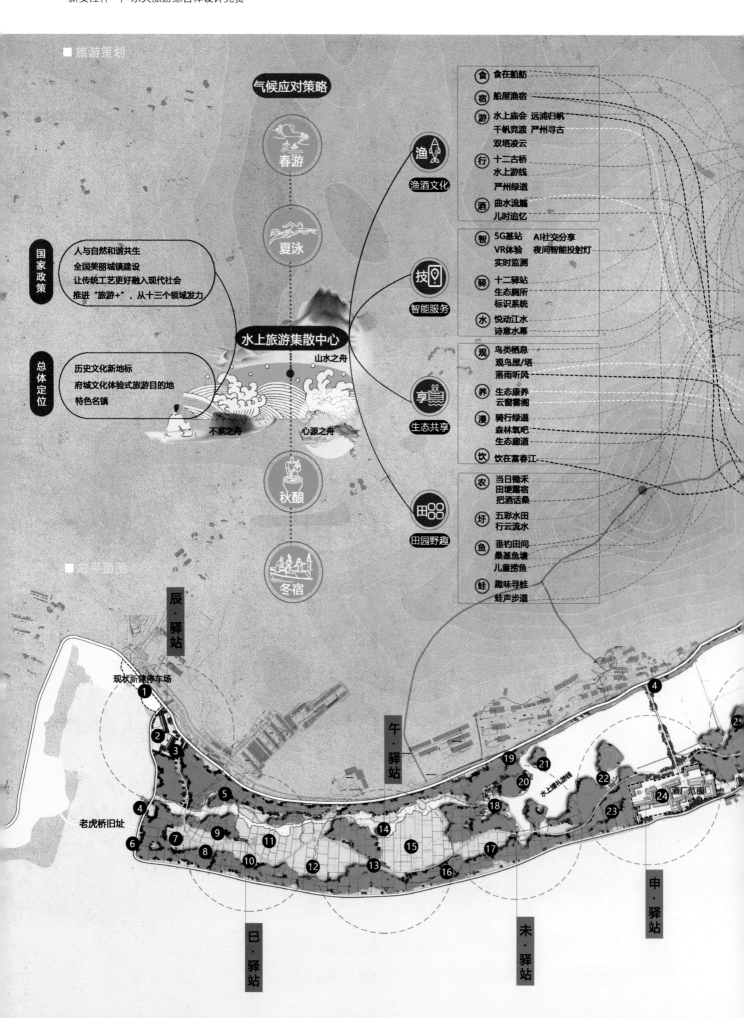

气候应对策略

春游

夏泳

秋酿

冬宿

国家政策

人与自然和谐共生
全国美丽城镇建设
让传统工艺更好融入现代社会
推进"旅游+",从十三个领域发力

总体定位

历史文化新地标
府城文化体验式旅游目的地
特色名镇

水上旅游集散中心

山水之舟

不系之舟   心源之舟

渔   渔酒文化

技   智能服务

享   生态共享

田   田园野趣

食 食在船舫
宿 船屋渔宿
游 水上庙会 远浦归帆
    千帆竞渡 严州寻古
    双塔凌云
行 十二古桥
    水上游线
    严州绿道
酒 曲水流觞
    儿时追忆

智 5G基站   AI社交分享
    VR体验   夜间智能投射灯
    实时监测
驿 十二驿站
    生态厕所
    标识系统
水 悦动江水
    诗意水幕

观 鸟类栖息
    观鸟屋/塔
    落雨听风
养 生态康养
    云窗雾阁
漫 骑行绿道
    森林氧吧
    生态廊道
饮 饮在富春江

农 当日锄禾
    田埂露宿
    把酒话桑
圩 五彩水田
    行云流水
鱼 垂钓田间
    桑基鱼塘
    儿童捞鱼
蛙 趣味寻蛙
    蛙声步道

■ 总平面图

辰·驿站

现状新建停车场

老虎桥旧址

午·驿站

水上摆社游线

酒厂范围

巳·驿站

未·驿站

申·驿站

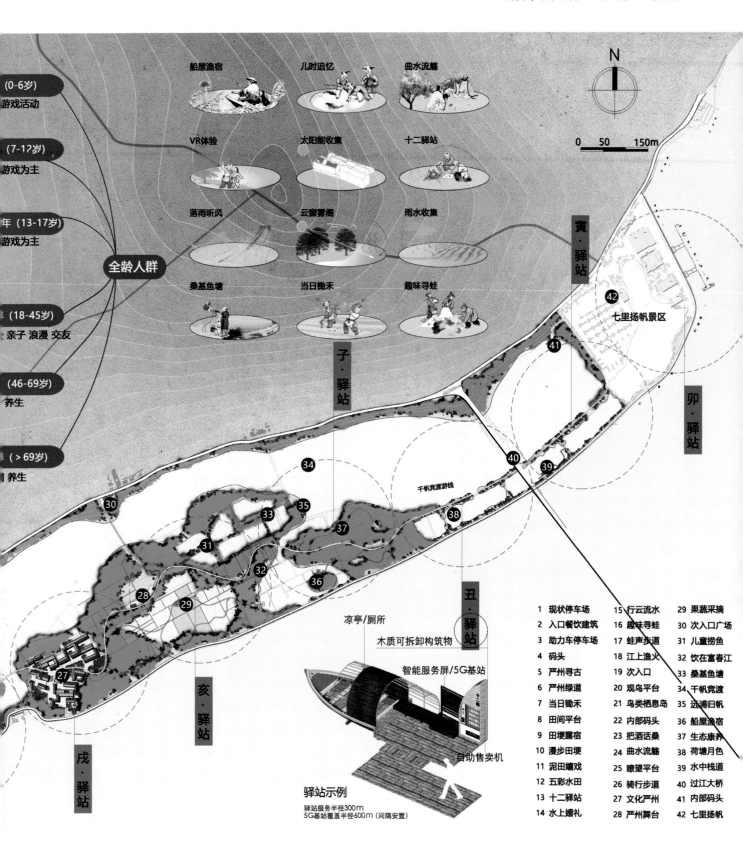

N

0 50 150m

(0-6岁)
游戏活动

(7-12岁)
游戏为主

年 (13-17岁)
游戏为主

全龄人群

亲子 浪漫 交友
(18-45岁)

(46-69岁)
养生

(>69岁)
养生

船屋渔宿   儿时追忆   曲水流觞

VR体验   太阳能收集   十二驿站

落雨听风   云窗雾阁   雨水收集

桑基鱼塘   当日锄禾   趣味寻蛙

寅·驿站

卯·驿站

42
七里扬帆景区

41

子·驿站

千帆竞渡游线

40   39

34

30   33   35   37   38

31

32   36

28

29

27

亥·驿站

戌·驿站

丑·驿站

凉亭/厕所

木质可拆卸构筑物

智能服务屏/5G基站

严州寻古

自助售卖机

驿站示例
驿站服务半径300m
5G基站覆盖半径600m（间隔安置）

1 现状停车场	15 行云流水	29 果蔬采摘
2 入口餐饮建筑	16 趣味寻蛙	30 次入口广场
3 助力车停车场	17 蛙声栈道	31 儿童捞鱼
4 码头	18 江上渔火	32 饮在富春江
5 严州寻古	19 次入口	33 桑基鱼塘
6 严州绿道	20 观鸟平台	34 千帆竞渡
7 当日锄禾	21 鸟类栖息岛	35 远浦归帆
8 田间平台	22 内部码头	36 船屋渔宿
9 田埂露宿	23 把酒话桑	37 生态康养
10 漫步田埂	24 曲水流觞	38 荷塘月色
11 泥田嬉戏	25 瞭望平台	39 水中栈道
12 五彩水田	26 骑行步道	40 过江大桥
13 十二驿站	27 文化严州	41 内部码头
14 水上婚礼	28 严州舞台	42 七里扬帆

■ 整体鸟瞰

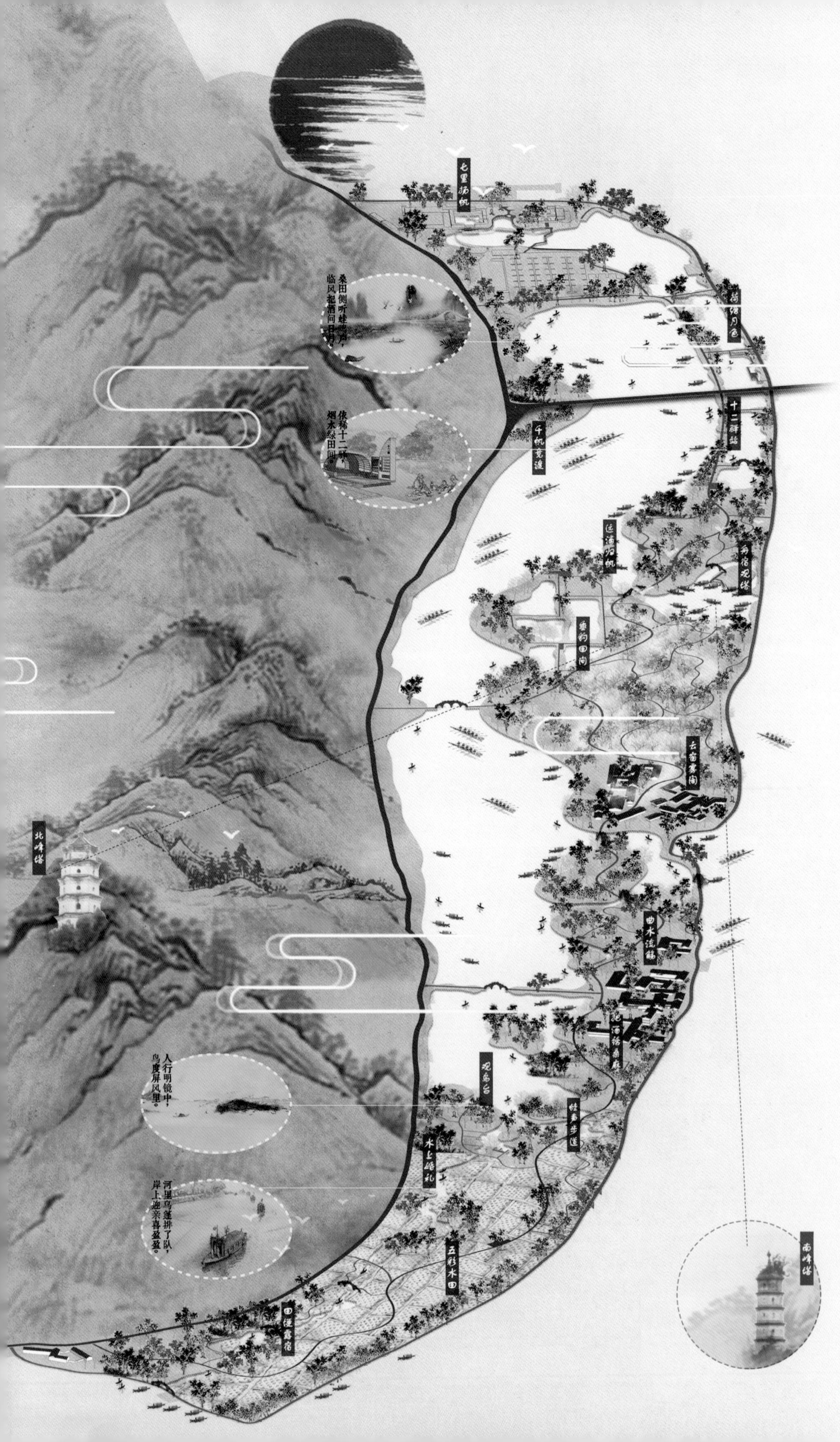
七里扬帆
荷塘月色
十二驿站
千帆竞渡
远浦归帆
舟宿观塔
垂钓田间
云窗雾阁
曲水流觞
把酒话桑麻
观鸟台
蛙声步道
水上婚礼
五彩水田
田埂露宿
北峰塔
南峰塔
桑田侧听蛙鸣声，
临风把酒问日月。
依稀十二驿，
烟木绿田间。
人行明镜中，
鸟度屏风里。
河里乌篷排了队，
岸上迎亲喜盈盈。

■ 建筑形体空间整合

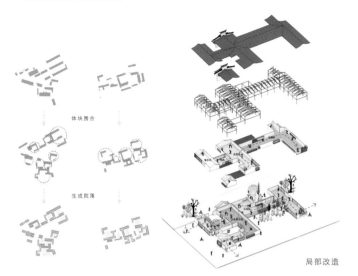

体块围合

生成院落

局部改造

■ 生态共享

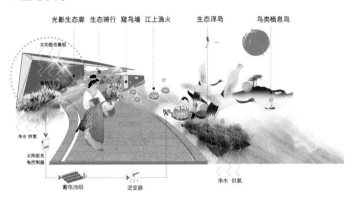

光影生态廊　生态骑行　窥鸟墙　江上渔火　　生态浮岛　　鸟类栖息岛

太阳能收集板

植物生态

净水 供氧

太阳能充电控制器

蓄电池组　　逆变器　　　　　　　　　　净水 供氧

■ 场地改善环境作用

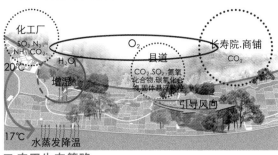

化工厂
SO_2.N_2
NH_3.CO_2　　　　　　　　　O_2　　　　　　　长寿院.商铺
20℃　　　　　H_2O　　　县道　　　　　　　　CO_2
　　　增湿　　　　　　　　CO_2.SO_2.氮氧
　　　　　　　　　　　　化合物.碳氧化合
　　　　　　　　　　　　物.固体悬浮颗粒
　　　　　　　　　　　　　　　　　引导风向
17℃　水蒸发降温

■ 农田生态策略

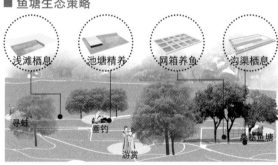

灌溉系统　　田间小路　　　　　　　圈养鸭
　　　　　　　　　　　　　　　　　投放鱼苗
　　　　　　　　　　　　　抽穗　鸭稻共养模式　捕鱼
　　　　　　　　　　　　田间养鸭　　　　播种
　　　　　　　　　　　　　　　　播种　收割
　　　　　　　寻蛙
游赏　　　　　　　　　　　　　锄禾

■ 鱼塘生态策略

浅滩栖息　　池塘精养　　网箱养鱼　　沟渠栖息

寻蛙　　　　　垂钓　　　　　　　　　桑基鱼塘
　　　　　　　　游赏

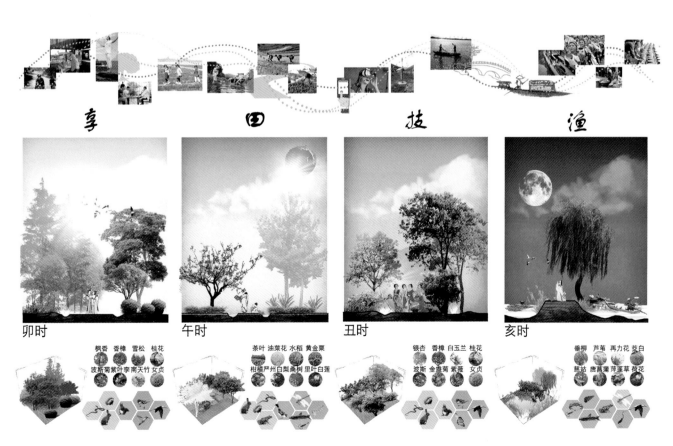

享　　　田　　　技　　　渔

卯时　　　午时　　　丑时　　　亥时

枫香　香樟　雪松　桂花
波斯菊　紫叶李南天竹　女贞

茶叶 油菜花 水稻 黄金粟
柑橘严州白梨树 里叶白莲

银杏　香樟　白玉兰　桂花
波斯　金鸡菊　紫薇　　女贞

垂柳　芦苇　再力花　茭白
慈姑 唐菖蒲 萍蓬草 荷花

鸟瞰图

铜奖

千帆江畔·古酿水驿

参赛院校： 重庆大学

参赛团队： 李佩玲、李玉婷、林君雅、董青青

指导教师： 毛华松

奖项名称： 2019"新安江杯"严东关旅游综合体设计竞赛铜奖

设计说明：

本项目方案通过现状调研，基于原有场地条件和严东关景区上位规划，以诗画山水文化和东关文化为特色，打造一个具有民俗体验、田园观光、文博展览、野外游憩、智能旅游等功能的"帆、埠、酒、驿"主题体验的严东关旅游综合体。

"帆、埠、酒、驿"四字为设计主题，以场地本身的山水林田资源为基地，以"文化体验、生态休闲"为导向，突出发展严东关酒文化体验项目、水运文化体验项目、驿站文化和诗词文化体验项目。基于此提出设计策略：重建旧址，复兴东关文化；重塑结构，展现东关山水；水陆共行，重现千帆水驿；产品设计，打造东关品牌。总体设计上，形成两塔一楼、三江交汇的整体山水格局和"三堤四岛五湖"的内部山水结构；基于现状环境以及对设计区域严东关的总体定位，构建"一带三轴五区多点"的景观结构；游线组织上，开辟水上游线、陆上游线，多个视角全面体验山水风光。"千帆江畔·古酿水驿"不仅是方案的主题，也是严东关美好愿景的缩影。

■ 区位分析　　　　　　　　　　　　　■ 场地现状分析

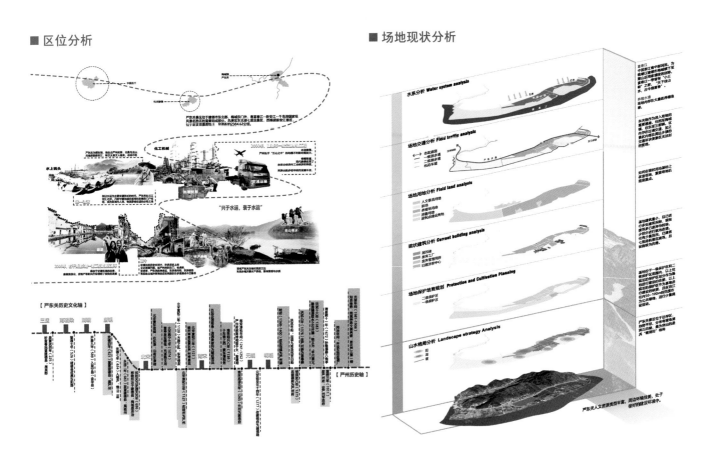

■ 严东关历史文化轴

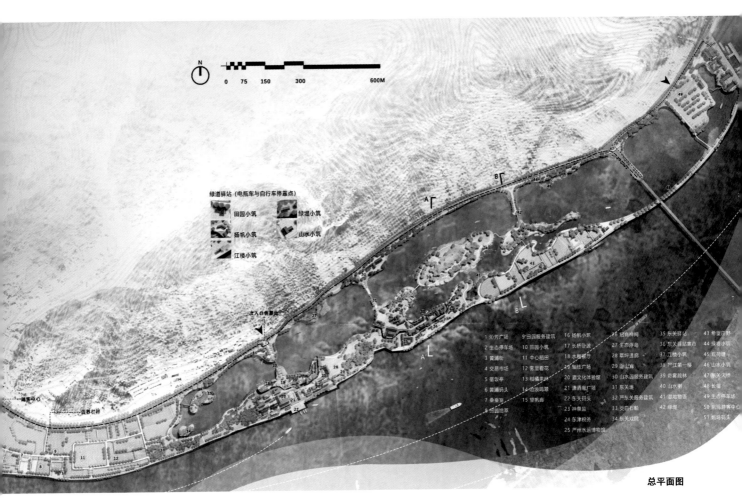

绿道驿站（电瓶车与自行车停靠点）

田园小筑　　　　绿堤小筑
扬帆小筑　　　　山水小筑
江楼小筑

1 沁芳广场　9 田园服务建筑　16 扬帆小筑　26 拭雨听枫　35 东关驿站　43 希望田野
2 生态停车场　10 田园小筑　17 长桥卧波　27 生态浮岛　36 东关集市集市　44 绿堤小筑
3 黄浦街　11 中心稻田　18 水榭餐厅　28 草坪书香　37 江楼小筑　45 观荷塘
4 交易市场　12 雪里看花　19 轴线广场　29 亚山坞　38 严江第一楼　46 山水小筑
5 宿安亭　13 柑橘果床　20 酒文化体验馆　30 山水驿服务建筑　39 奇翠疏林　47 春水天地
6 黄浦码头　14 色浪鸣翠　21 潇洒电广场　31 东关渡　40 山水廊街　48 长堤
7 桑蚕养殖　15 望帆亭　22 东关水利　32 东关服务建筑　41 猫地物语　49 生态浮岛
8 田园拾翠　　　　23 神泉宛　33 炎白石栈　42 绿桥　50 姚码游客中心
　　　　　24 东津税务　34 东关双街　　　　51 姚码头水
　　　　　25 严州水运博物馆

总平面图

■ 用地分析

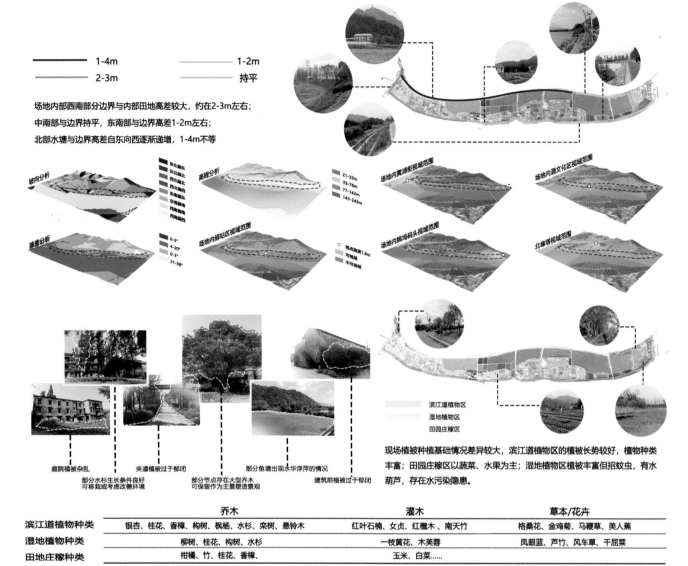

场地内部西南部分边界与内部田地高差较大，约在2-3m左右；
中南部与边界持平，东南部与边界高差1-2m左右；
北部水塘与边界高差自东向西逐渐递增，1-4m不等

现场植被种植基础情况差异较大，滨江道植物区的植被长势较好，植物种类丰富；田园庄稼区以蔬菜、水果为主；湿地植物区植被丰富但招蚊虫，有水葫芦，存在水污染隐患。

庭院植被杂乱

部分水杉生长条件良好可移栽或考虑改善环境

夹道植被过于郁闭

部分节点存在大型乔木可保留作为主景塑造景观

部分鱼塘出现水华浮萍的情况

建筑前植被过于郁闭

	乔木	灌木	草本/花卉
滨江道植物种类	银杏、桂花、香樟、构树、枫杨、水杉、栾树、悬铃木	红叶石楠、女贞、红檵木、南天竹	格桑花、金鸡菊、马鞭草、美人蕉
湿地植物种类	柳树、桂花、构树、水杉	一枝黄花、木芙蓉	凤眼蓝、芦竹、风车草、千屈菜
田地庄稼种类	柑橘、竹、桂花、香樟、	玉米、白菜......	

■ 周边环境与文化分析

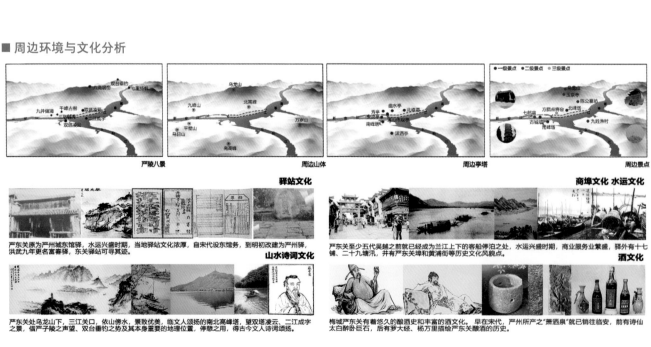

严陵八景

周边山体

周边亭塔

周边景点

驿站文化

严东关原为严州城东馆驿，水运兴盛时期，当地驿站文化浓厚，自宋代设东馆务，到明初改建为严州驿，洪武九年更名富春驿，东关驿站可寻其迹。

商埠文化 水运文化

严东关至少五代吴越之前就已经成为兰江上下的客船停泊之处，水运兴盛时期，商业服务业繁盛，驿外有十七铺、二十九塘汛，并有严东关埠和黄浦街等历史文化风貌点。

山水诗词文化

严东关处乌龙山下，三江关口，依山傍水，景致优美，临文人颂扬的南北高峰塔，望双塔凌云、二江成字之景，借严子陵之声望、双台垂钓之势及其本身重要的地理位置，停憩之用，得古今文人诗词颂扬。

酒文化

梅城严东关有着悠久的酿酒史和丰富的酒文化。早在宋代，严州所产之"萧洒泉"就已销往临安，前有诗仙太白醉卧巨石，后有罗大经、杨万里描绘严东关酿酒的历史。

■ 问题分析

SWOT 分析

S 地理位置、自然资源、人文　　W 资源不协调、交通混流　　O 文旅业发展支持与推进　　T 历史文化传承、特色景观

生态景观　　历史文化　　旅游组织

问题分析

NO.1 历史文化特色没有得到挖掘，与周边景点联系弱
严东关历史人文底蕴浓厚，有大量历史文化遗址待建设利用。

NO.2 边界与内部高差较大，空间割裂，内部滨水空间缺乏利用
高差处理是联通内外需要面临的问题，以滨江绿道为界，景观建设差异大，严东关的水产养殖区域对环境有所破坏，缺乏内部外部滨水空间的设计。

NO.3 建筑破败，内部基础设施建设落后
沿江存在一定数量的建筑，从风格、色彩、体量、破败程度、临江天际线等方面体现出与风景环境的不协调。

NO.4 内部交通可达性低，与过境交通有混流
景区内部及周边乡镇的交通诉求，使景区无法封闭管理。景区内交通与过境交通混流，也使景区的交通管理面临挑战。

设计方案演变：
　　结合场地特点，于古画中寻找原型，借鉴西湖等苏杭景点的经典空间格局。

设计分析：
外部：形成两塔一楼的格局，形成对望点，加强严东关与周边山水、景观的联系。
内部：借鉴西湖等苏杭景点的经典空间格局，整合破碎空间，形成三堤｜四岛｜五湖的空间格局，塑造微地形，逸游东关山水。
基于现状环境以及对设计区域严东关的总体定位，构建"一带三轴五区多点"的景观结构。场地内外形成多组视线对望点，展现东关山水。

游线组织与驿站形式
全域展现，寄情山水：开辟不同角度的山水观赏点，开辟水上游线、陆上游线，多个视角全面体验东关山水风光。
场地分一级、二级服务点，为游客提供全方位服务。

■ 设计分析

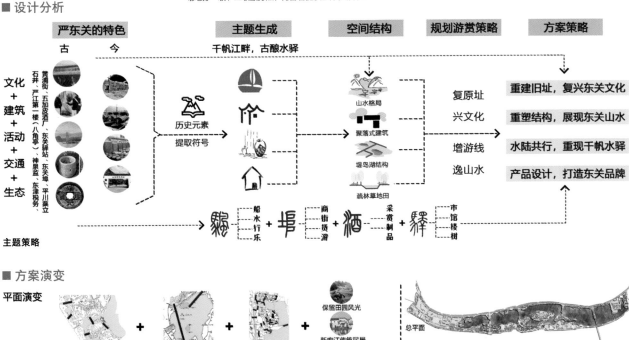

严东关的特色　　　　主题生成　　　空间结构　　　规划游赏策略　　　方案策略

千帆江畔，古酿水驿

古　　今

文化＋建筑＋活动＋交通＋生态

黄埔街、五加皮江、石井、严江第一楼（八角亭）、东关驿站、东关埠、神泉浜、东津税务、平川粜立

历史元素提取符号

山水格局
聚落式建筑
堤岛湖结构
疏林草地田

复原址　　**重建旧址，复兴东关文化**
兴文化　　**重塑结构，展现东关山水**
增游线　　**水陆共行，重现千帆水驿**
逸山水　　**产品设计，打造东关品牌**

艨 船水行乐 ＋ 埠 商街赁游 ＋ 酒 采赏制品 ＋ 驿 市馆楼树

主题策略

■ 方案演变

平面演变

水系连通格局　＋　两堤三岛五湖格局　＋　多桥多埠多亭廊　＋　保留田园风光／新安江传统民居／古镇商业街

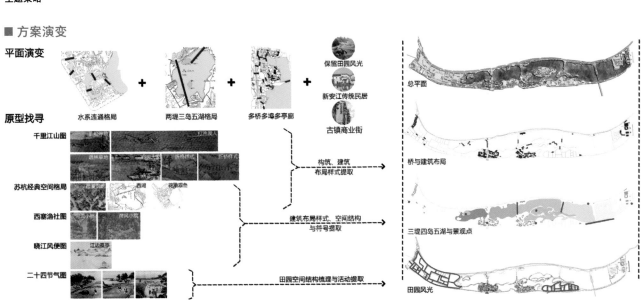

总平面
桥与建筑布局
三堤四岛五湖与景观点
田园风光

原型找寻

千里江山图　　构筑、建筑布局样式提取
苏杭经典空间格局
西塞渔社图　　建筑布局样式、空间结构与符号提取
晓江风便图
二十四节气图　　田园空间结构梳理与活动提取

■ 文化与活动类型分析

城坞码头区

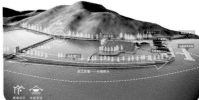

保持原姚坞码头游客中心的地位，作为严东关集散中心

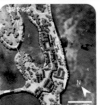

山水游园区

沟通水系，打造多桥多埠的山水游园，塑造湿地景观，开展水上休闲游乐、户外山水休闲活动

根据绿道建设有东关驿站作为商埠，兼有绿道驿站

采用聚落式建筑布局打造商埠进行酒文化主题的展现

尊重原场地稻田格局，保留田地，植入多类型活动

■ 民俗艺术活动

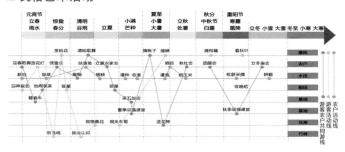

■ 建筑空间格局

一线四街多场 吸取传统新安江流域聚落式建筑的空间布局特点，形成一线四街多组的空间格局

■ 建筑设计

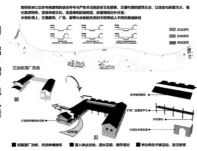

■ 游线组织

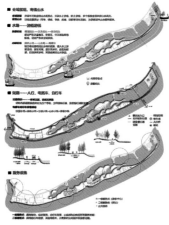

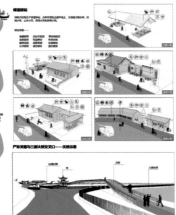

■ 景区文化点

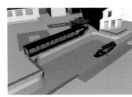

临水廊

面山廊

曲水流觞

山水阁码头

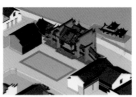

戏院＋菱白游船

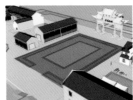

潇洒泉广场

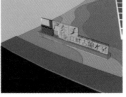

景区入口LOGO

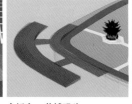

宿饭亭＋黄埔码头

严江第一楼

历史文化轴＋照壁

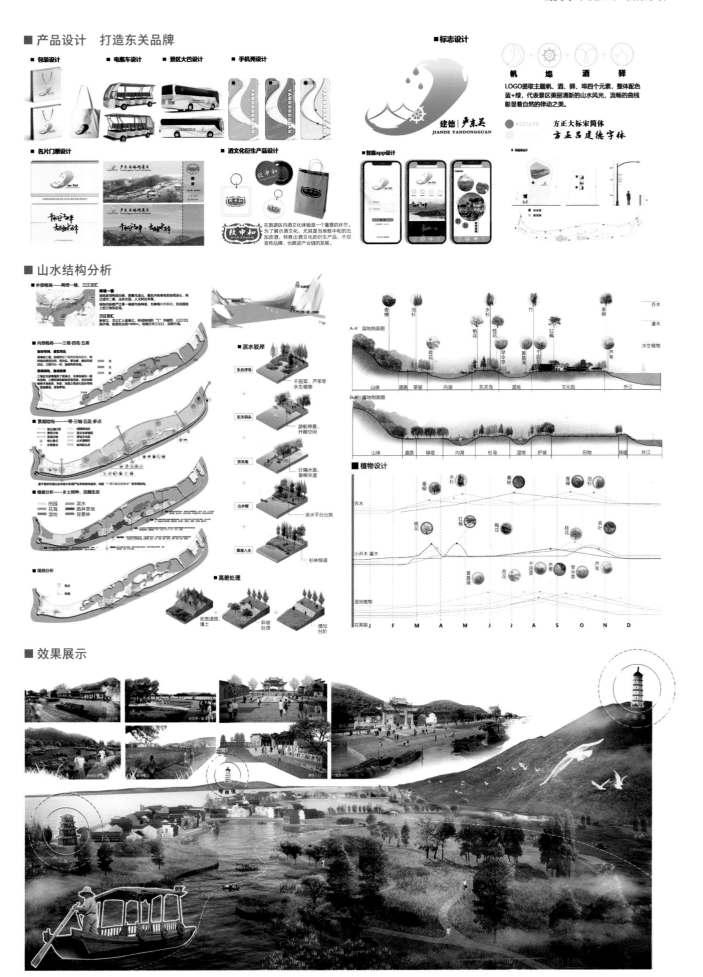

■ 产品设计　打造东关品牌

■ 包装设计　　■ 电瓶车设计　　■ 景区大巴设计　　■ 手机壳设计

■ 名片门票设计　　　　　　　■ 酒文化衍生产品设计

■ 标志设计

帆　埠　酒　驿

LOGO提取主题帆、酒、驿、埠四个元素，整体配色蓝+绿，代表景区美丽清新的山水风光，流畅的曲线彰显着自然的律动之美。

■ 智能app设计

■ 山水结构分析

■ 植物设计

■ 效果展示

鸟瞰图

铜奖

渔舟唱晚

——以船游为特色的严东关景区规划

参赛院校： 北京林业大学

参赛团队： 文楠、疏淑进、沈薇、杨志昊

指导教师： 邵隽

奖项名称： 2019"新安江杯"严东关旅游综合体设计竞赛铜奖

设计说明：

　　严东关区域面积约 1 km²，位于浙江省建德市，地处三江汇合处，水上交通十分发达，船作为交通工具与人们生活息息相关。此外，从整体空间形态上看，整个场地就像停在富春江畔的一艘船，因此，本规划提炼出"船"元素，围绕"人在舟中坐，犹入画中游"这一核心定位，将"船"这一品牌元素贯穿整个场地。为有效打造"船"IP，本设计采用四大开发策略：景观策略、文化策略、产品策略及游览策略。空间设计以"船游"为特色及线索，规划"一核两廊六区"的空间结构：以"船戏展演核"为引爆，通过"舟行风景廊"和"文化体验廊"并驱，联动"严州园林"展示区、"渔舟逐水"休闲区、"沂水弦歌"商业区、"述怀严州"风情区、"水畔栖旅"民宿区、"渔水田园"休闲区六大片区，营造出"入境"-"共鸣"-"忘我"-"归真"的综合体验谱，丰富完善游览体验，在空间、节奏、游线上紧密贴合渔水休闲的定位，从船游到船境，打造令人向往的渔家休闲生活。

■ 前期分析

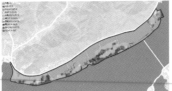

坡向分析

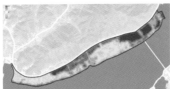

水质分析

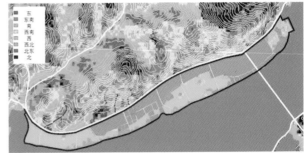

汇水分析

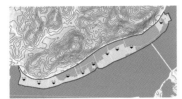

高程分析

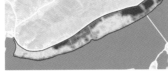

植被 NDVI 分析

■ 总体策略

围绕 **1** 个定位	船文化旅游综合体		
塑造 **1** 个品牌	**船**		
落实 **3** 大措施	品牌策略	以形塑景　文化植入　延伸产品　以船入游	
	景观策略	生态治理　乡土景观改造　景观视线衔接	
	空间策略	坡道改造　绿地连接　疏通水系　驳岸改造	
打造 **6** 大片区	"严州园林"展示区　"渔舟逐水"休闲区　"沂水弦歌"商业区		
	"述怀严州"风情区　"水畔栖旅"民宿区　"渔水田园"休闲区		
做强 **6** 大产品	船宴　船戏　船艺　船市　船境　船婚　船秀		

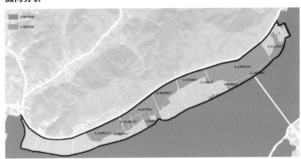

流向分析

水体分析

■ 总体设计

功能分区

- "严州园林"展示区
- "渔舟逐水"休闲区
- "沂水弦歌"商业区
- "述怀严州"风情区
- "水泽栖旅"民宿区
- "渔水田园"休闲区

空间结构

一核两廊六区

□ 一核引爆
商业展演核

□ 六区联动
"严州园林"展示区
"渔舟逐水"休闲区
"沂水弦歌"商业区
"述怀严州"风情区
"水泽栖旅"民宿区
"渔水田园"休闲区

□ 两廊并驱
舟行风景廊
文化风景廊

游览结构图

以"船游"为线索，从船游到船境，打造令人向往的渔家休闲生活

划分出入境、共鸣、忘我、归真四个主题区域，从空间、节奏、游线上紧密贴合渔水休闲的定位

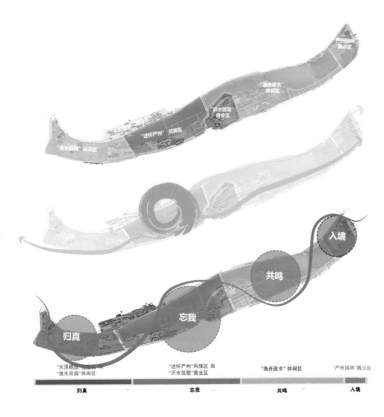

场地内江、山、塘、林、田、村、人和谐共生，可挖掘利用的自然资源与人文资源较多。

建德地处长江三角洲，杭黄高铁线路中段，区位优势显著。

场地内绿道建设尚不完善；场地与周边村庄存在高差，导致场地与外部沟通不畅。

场地绿地面积为452069m²，山体汇水面积大约为1104000m²；根据计算得知当场地降水量大于385mm时，场地内将无法满足排洪需求，需对雨水进行疏导排解。根据历史资料统计，在降水较多的夏季，场地存在被淹的可能。

场外景点分布较多，可在拍照佳处设置视点进行借景。场内视线过于通透，应局部遮挡，在风景优美的地方可设置视线通廊。

■ 设计策略

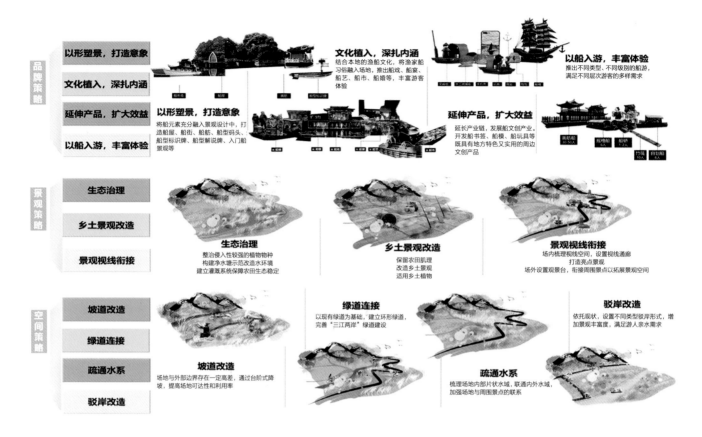

以形塑景,打造意象

文化植入,深扎内涵

延伸产品,扩大效益

以船入游,丰富体验

文化植入,深扎内涵
结合本地的渔船文化,将渔家船习俗融入场地,推出船戏、船宴、船艺、船市、船婚等,丰富游客体验

以船入游,丰富体验
推出不同类型、不同级别的船型,满足不同层次游客的多样需求

以形塑景,打造意象
将船元素充分融入景观设计中,打造船屋、船街、船舫、船型码头、船型标识牌、船型解说牌、入门船景观等

延伸产品,扩大效益
延长产业链,发展船文创产业。开发船书签、船模、船玩具等既具有地方特色又实用的周边文创产品

景观策略

生态治理

乡土景观改造

景观视线衔接

生态治理
整治侵入性较强的植物物种
构建净水塘示范改造水环境
建立灌溉系统保障农田生态稳定

乡土景观改造
保留农田肌理
改造乡土景观
适用乡土植物

景观视线衔接
场内梳理视线空间,设置视线通廊
打造亮点景观
场外设置观景台,衔接周围景点以拓展景观空间

空间策略

坡道改造

绿道连接

疏通水系

驳岸改造

坡道改造
场地与外部边界存在一定高差,通过台阶式降坡,提高场地可达性和利用率

绿道连接
以现有绿道为基础,建立环形绿道,完善"三江两岸"绿道建设

疏通水系
梳理场地内部片状水域,联通内外水域,加强场地与周围景点的联系

驳岸改造
依托现状,设置不同类型驳岸形式,增加景观丰富度,满足游人亲水需求

"渔舟唱晚"展现的是夕阳之下、游客乘舟游行江面,一派悠然自得的景象,与场地"休闲娱乐"的功能定位相呼应。"舟"有两重义:其一,从整体形态上看,场地形态似停靠在富春江畔的一艘船;其二,"船"品牌IP是本场地的主特色之一。

"唱"字点出场地亮点引擎项目船戏展演。

"晚"意指夜晚,突出本场地以夜游为特色,突出区域竞合优势。

■ 植物专项

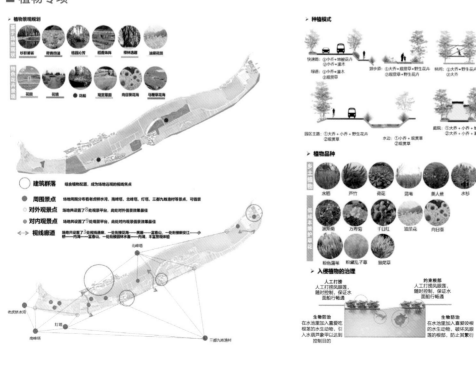

① 姚坞码头	⑰ 水街巷陌
② 游客服务中心	⑱ 长桥卧波
③ 严州文化堂	⑲ 荷塘月色
④ 入源·停车场	⑳ 湖心亭
⑤ 映客湖	㉑ 星空鱼塘
⑥ 湖光屿	㉒ 酒韵诗坊
⑦ 滨水广场	㉓ 畅音舫
⑧ 芦荻悠荡	㉔ 水幕年华
⑨ 十里画廊	㉕ 渔水人家
⑩ 桔园沁芳	㉖ 碧潭渔趣
⑪ 星空露营	㉗ 泊船花洲
⑫ 集市广场	㉘ 垂钓台
⑬ 莲花湾	㉙ 花田小筑
⑭ 船形街	㉚ 乐动广场
⑮ 渔人码头	㉛ 寻味渔家
⑯ 林逸野趣	㉜ 两岸三江绿道

■ 交通专项

□ 道路专项

➤ 船游

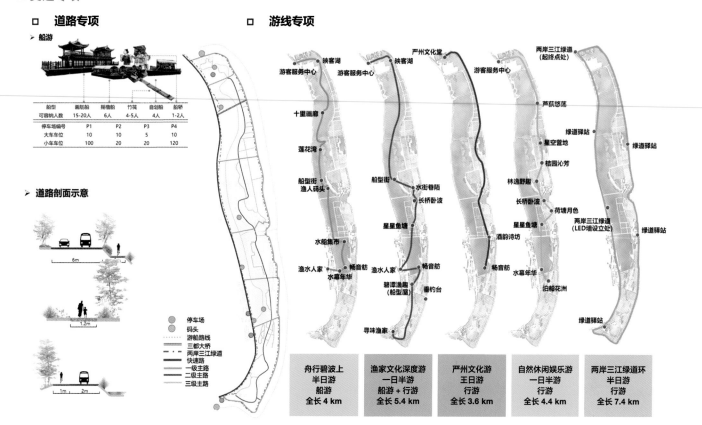

船型	画舫船	摇橹船	竹筏	自划船	船轿
可容纳人数	15-20人	6人	4-5人	4人	1-2人
停车场编号	P1	P2	P3	P4	
大车车位	10	10	5	10	
小车车位	100	20	20	120	

➤ 道路剖面示意

停车场
码头
游船路线
三都大桥
两岸三江绿道
快速路
一级主路
二级主路
三级主路

□ 游线专项

映客湖　映客湖　严州文化堂　　两岸三江绿道（起终点处）
游客服务中心　游客服务中心　　游客服务中心
十里画廊　　　　　　　　　　芦荻悠荡
莲花湾　　　　　　　　　　　绿道驿站　绿道驿站
船型街　船型街　　　　星空营地
渔人码头　水街巷陌　　梧园沁芳
　　　　　长桥卧波　　林逸野趣
水船集市　星星鱼塘　　长桥卧波
　　　　　酒韵诗坊　　荷塘月色　　两岸三江绿道（LED墙设立处）
渔水人家　渔水人家　星星鱼塘
水幕年华　畅音舫　畅音舫　畅音舫　　绿道驿站
碧漂渔趣（船型屋）　　垂钓台　水幕年华
　　　　　　　　　　　　　　泊船花洲
寻味渔家　　　　　　　　　　绿道驿站

舟行碧波上 半日游 船游 全长 4 km	渔家文化深度游 一日半游 船游＋行游 全长 5.4 km	严州文化游 王日游 行游 全长 3.6 km	自然休闲娱乐游 一日半游 行游 全长 4.4 km	两岸三江绿道环 半日游 行游 全长 7.4 km

平面图

■ 高程专项设计

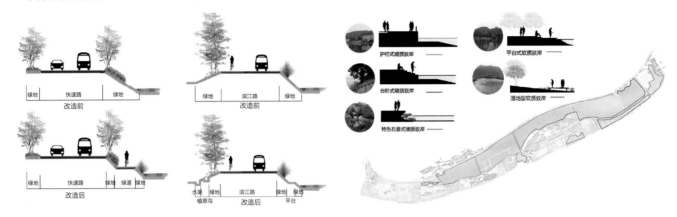

■ 水系统专项设计

雨水管理系统

植草沟　　　　　　　　　**多层级净化系统**

■ 多层级景观欣赏　　■ 枯水期植草沟种植欣赏　　■ 亲水——丰水期亲水

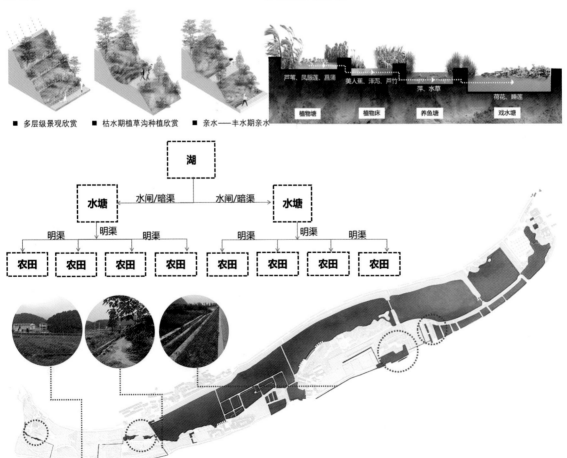

■ 建筑专项设计

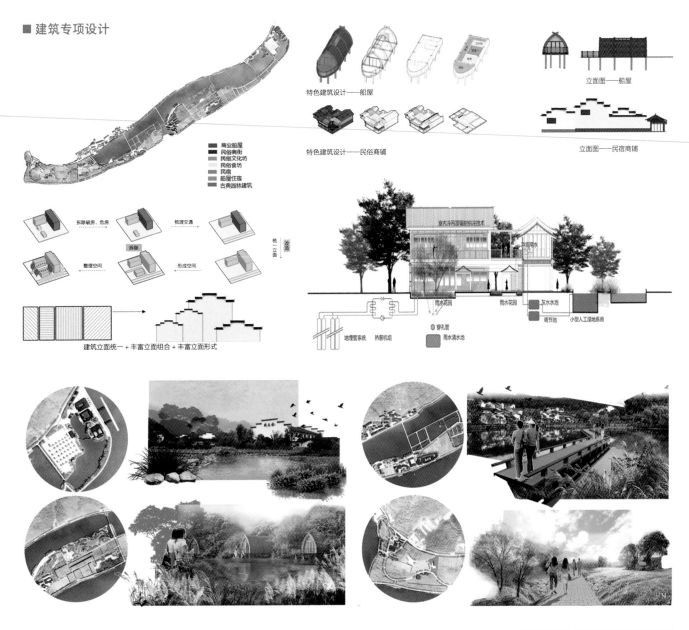

特色建筑设计——船屋

立面图——船屋

商业船屋
民俗商街
民俗文化坊
民俗食坊
民宿
船屋住宿
古典园林建筑

特色建筑设计——民俗商铺

立面图——民宿商铺

拆除破房、危房 → 梳理交通

整理空间 → 形成空间

拆除

交通 立面

室内冷吊顶辐射制冷技术

建筑立面统一 + 丰富立面组合 + 丰富立面形式

雨水花园   雨水花园   灰水水池

地埋管系统 热泵机组   穿孔管   雨水清水池   调节池   小型人工湿地系统

渔家比赛 13:00-15:00
露天音乐节 19:00-21:00
渔家佳话 23:00-07:00
光影水秀 17:00-21:00
船轿表演 15:00-17:00
民俗戏曲 19:00-21:00
音乐喷泉
品酒对诗 17:00-19:00
水上婚礼 09:00-11:00
渔军对籍 07:00-09:00
严州园林 08:00-16:00

鸟瞰图（夜景）

鸟瞰图

铜奖

东关赋

——基于 1+X 模式的严东关旅游综合体保护与利用

参赛院校： 东北林业大学

参赛团队： 田宇、荆忠伟、麻彤彤、崔晓雅

指导教师： 许大为

奖项名称： 2019"新安江杯"严东关旅游综合体设计竞赛铜奖

设计说明：

本方案遵循旅游综合体的"1+X"开发模式，即以乡村旅游休闲为基础的核心旅游产品集聚，围绕乡村旅游核心产品，衍生与之相配套的多种功能组合。在不突破场地生态保护红线的前提下，最大化地保护场地的山水格局，继承严东关悠久的历史文化，融入山水游览、文化体验、户外运动、农业观光、休闲度假等多重功能。

生态保护方面，以修复生态环境、恢复植被活力、逐步净化水体为主；山水格局打造方面，打通养殖池塘，贯穿水系，融入乡土植物，形成自然大气的山水风光；服务设施建设方面，丰富景点和旅游服务设施，形成良性循环的游览体系；文化挖掘方面，深入探寻场地的地域性文化特征，合理转化，增加景区的客源吸引力和文化体验感；产业发展策划方面，通过明确产业核心、融入特色文化、丰富业态种类、打造品牌形象等手段，形成优质的产业循环。最终达到严东关的业态升级、产业互联、品牌推广与文化价值提升，实现乡村振兴与永续发展。

N
旅游观光板块
休闲文旅板块
乡愁社区板块
境外交通
滨江绿道
一级游览路线
二级游览路线
主要景观区域
次要景观区域
农业观光景观区域
景观节点
1.姚坞旅游点
2.滨江绿道
3.绿道驿站
4.观鸟小筑
5.绿林氧吧
6.观光湿地
7.山野餐馆
8.农家民宿
9.驿站服务中心
10.户外五加皮药浴
11.康养建筑
12.林下健身
13.阳光草坪
14.轰趴馆
15.春江天地会所
16.澜湖水榭
17.渔家傲餐厅
18.观江驿馆
19.驿站典故展览馆
20.忘忧桥
21.诗画山水
22.沐风桥
23.一江春水
24.严州水运博物馆
25.船舶埠头
26.午后茶吧
27.怀古酒肆
28.五加皮酒厂体验馆
29.借古望今
（神泉监、东关税
务等遗址恢复）
30.微醺桥
31.山水望月
32.探水船阁
33.林海桂香
34.花前月下
35.农夫果园
36.稻香麦浪
37.黄浦街停车场
38.游船坞
39.规划用地
（黄浦街、双
亭沁芳景点）
40.老虎桥

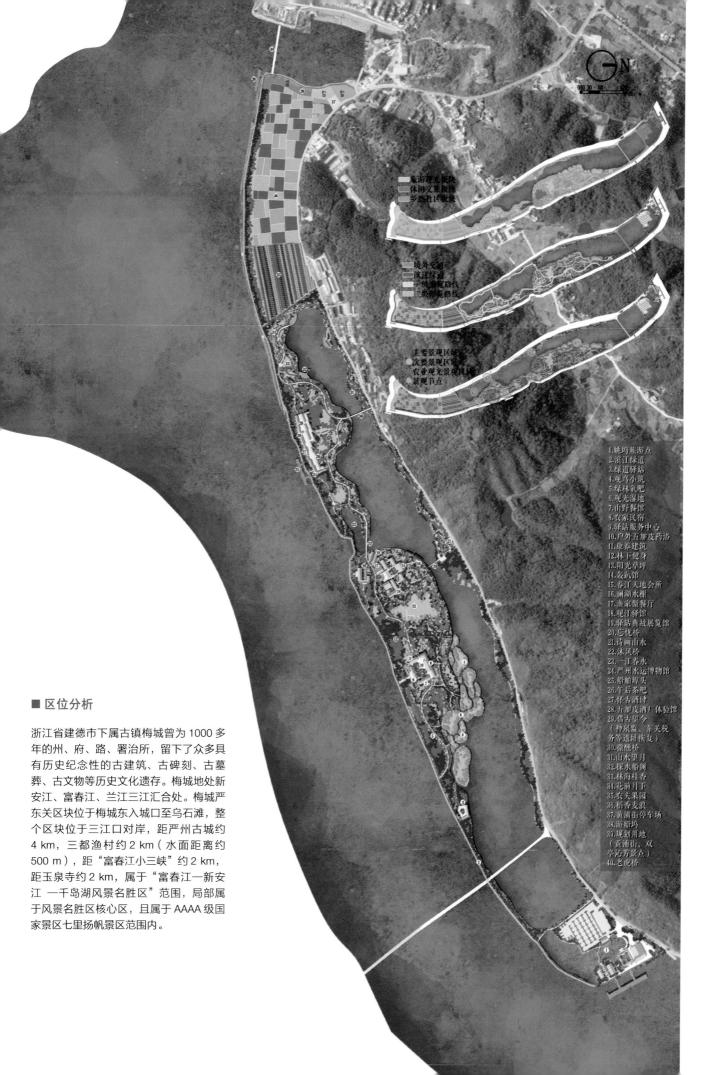

■ 区位分析

浙江省建德市下属古镇梅城曾为1000多年的州、府、路、署治所，留下了众多具有历史纪念性的古建筑、古碑刻、古墓葬、古文物等历史文化遗存。梅城地处新安江、富春江、兰江三江汇合处。梅城严东关区块位于梅城东入城口至乌石滩，整个区块位于三江口对岸，距严州古城约4 km，三都渔村约2 km（水面距离约500 m），距“富春江小三峡”约2 km，距玉泉寺约2 km，属于“富春江—新安江 —千岛湖风景名胜区”范围，局部属于风景名胜区核心区，且属于AAAA级国家景区七里扬帆景区范围内。

■ 前期分析

上位规划

设计地块位于严东关景区内，严东关景区是富春江——新安江风景名胜区（简称"两江一湖"风景名胜区）的核心景区。

- ● 规划风景区
- 风景区范围线
- 外围保护地带范围线

域外交通分析

设计地块交通发达，十分便利，周边自驾游范围内3小时车程含多个大城市，距离杭州130km，具备极佳的自驾游交通优势。

- ● 周边城市
- ● 设计地块
- 1H/2H交通圈
- 直线距离
- 铁路干线

土地利用规划

根据上位规划可知，设计地块内有水体、耕地、旅游点建设用地、自然与人文综合景观用地、人文景观用地以及自然风景用地6种用地类型。

- ■ 人文景观用地
- ■ 自然与人文综合景观用地
- ■ 旅游点建设用地
- ■ 自然风景观用地
- ■ 耕地
- ■ 水休

现状用地分析

依据设计地块现状可知，地块内现共有人文景观用地、滞留用地、养殖场用地、耕地4种用地类型。

- ■ 耕地
- ■ 养殖场用地
- ■ 滞留用地
- ■ 人文景观用地

现状交通分析

设计地块内有陆地交通、水上交通两种交通方式，而且地块内有两个游船停靠点。地块周边有一条主要市政道路在地块上方横穿通过，还有3条机动车道，并设有3个停车场。

- 一级游步道
- 二级游步道
- 短程水上游线
- 七里扬帆水上游线
- 游船停靠点
- 市政道路
- 机动车道

■ 设计理念

"1+X"模式解读

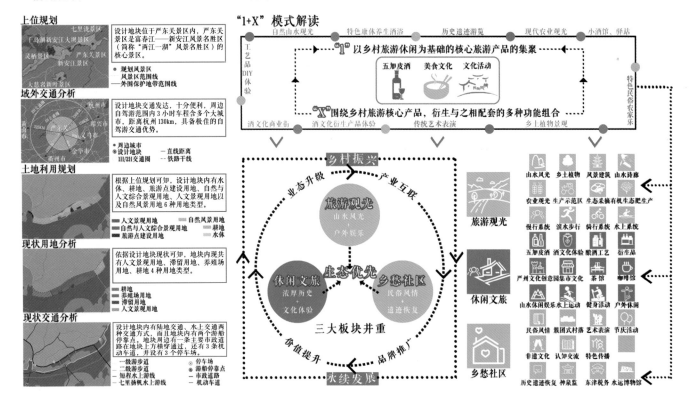

■ 生态策略

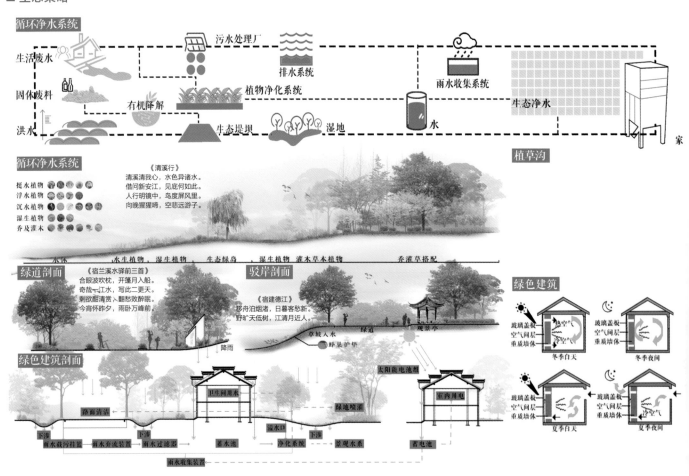

■ 产品发展策略

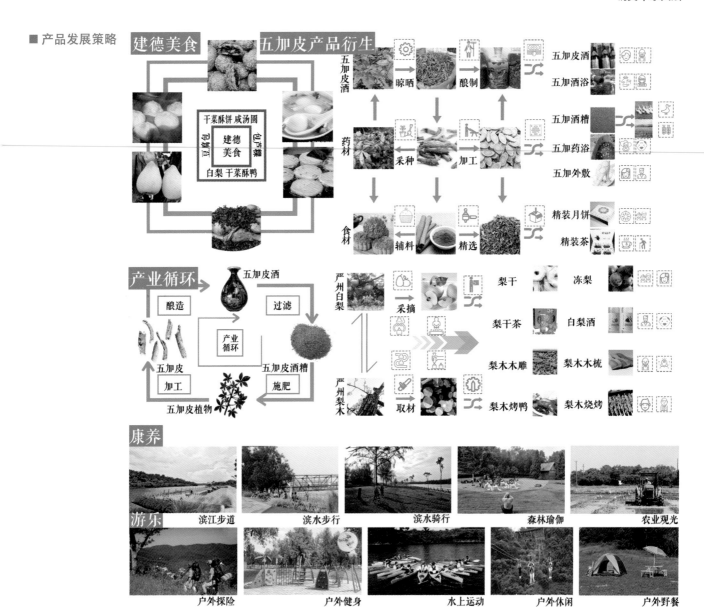

建德美食　五加皮产品衍生

产业循环

康养

游乐

滨江步道　滨水步行　滨水骑行　森林瑜伽　农业观光

户外探险　户外健身　水上运动　户外休闲　户外野餐

■ 效果图

旅游设施服务点
利用古典园林的造景手法，寄情山水，拨山理水，建筑采用新中式徽派建筑风格，摆置各类诗词书画，游览山水的同时，对话古今，陶冶情操，舒缓身心。

农业观光
通过作物种植示范和果品栽培示范，打造以生态农业、农林乐园、园艺中心为主体，体现田园式农业理念的农林、旅游、度假的综合性旅游观光。

诗画山水
利用古典园林漏景和对景的造园手法，通过一个水榭的门廊，隔江观望另一水榭，微风拂面，碧波荡漾，波光粼粼，绿郁葱葱，风景如诗如画般美丽。

观光湿地
利用场地水塘多，水系丰满的特点，结合湿生植物和景观栈道，保护场地生态环境，维持生物多样性，设置以观鸟构筑物，游憩停歇，亲近自然。

五加皮酒药浴

五加皮酒加入了五加皮、肉桂等中药材浸泡而成，具有行气活血、驱风祛湿、舒筋活络等功效，和酒缸小品及药浴结合，丰富游人体验酒文化。

严州水运博物馆

场地所在区域有悠久的运河文化，构建新中式徽派建筑，集中展示水运文化，设置传统运输船的微缩景观，配合运河文化的诗词，广泛传播航运文化。

渔家傲餐厅

渔民为场地内原住民，渔业文化是至今仍保留业态，促进渔民产业重心向旅游业转移，结合民宿建筑，打造渔业文化餐饮，带动产业价值提升。

春江天地会所

利用传统园林漏景的设计手法，结合新中式徽派建筑风格，设置安静水景，配合古典诗词，开拓游人的空间感受，心静神怡，身心舒畅。

绿道驿站

长途的绿道游览之后，为游人提供休憩的场所，增加户外交流和交往空间，建筑融入著名唐代诗人作品《宿建德江》，休闲同时，提升文化品牌。

神泉监遗址恢复

场地内原有神泉监、东津税务和招商神祠遗址，整治改造，提炼文化符号，创新融合到建筑立面和小品设施当中，实现文化观赏性和娱乐功能性的统一。

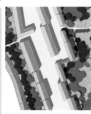

怀古酒肆

五加皮酒是当地的核心产品和主打品牌，提取酒文化符号，将酒文化和建筑景墙结合，树立五加皮酒的文化标识，营造酒文化商业空间，烘托酒文化氛围。

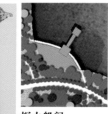

探水船阁

将渔民的渔船打造成景观小品，重现渔民外出打鱼的场景，虽不能重拾旧的生产和生活方式，但仍可以重温旧时的回忆，触景生情，唤起浓浓的乡愁。

逸游山水 文化繁荣

"新安江杯"严东关旅游综合体设计竞赛

Revel in Natural Landscape, Boost Cultural Prosperity

"Xin'an River Cup" Yandongguan Tourism Complex Design Competition

优秀奖

平面图

优秀奖

山水圩田 烟渚严州
——圩田理论下的严东关旅游综合体规划

参赛院校: 西南大学

参赛团队: 唐彧、黎雨松、卢虹羽、陈国珍、辛李鑫

指导教师: 张建林

奖项名称: 2019"新安江杯"严东关旅游综合体设计竞赛优秀奖

设计说明:

　　此次设计充分利用场地现状,打造江南地区独特的塘浦圩田景观系统,将新安江水引进鱼塘,可在旱时引水灌溉农田,涝时排水泄洪,同时也可使鱼塘死水变为流动的活水,既能保证生产可持续发展,也能确保生态的可持续性。同时,激活场地特有的酒文化、农耕文化与水运文化,将古严州文化遗产融于丰富的旅游项目中,使文化与旅游产业共同繁荣,实现文化的传承与延续。在此理念下,提出在生态、生产、文化旅游三个方面的三种发展模式:山水共融、塘田共生、文旅共兴,三带结构:山水生态带、生产游憩带、江山融合带,打造"两江一湖"风景名胜区历史文化新地标。

■ 场地现状分析

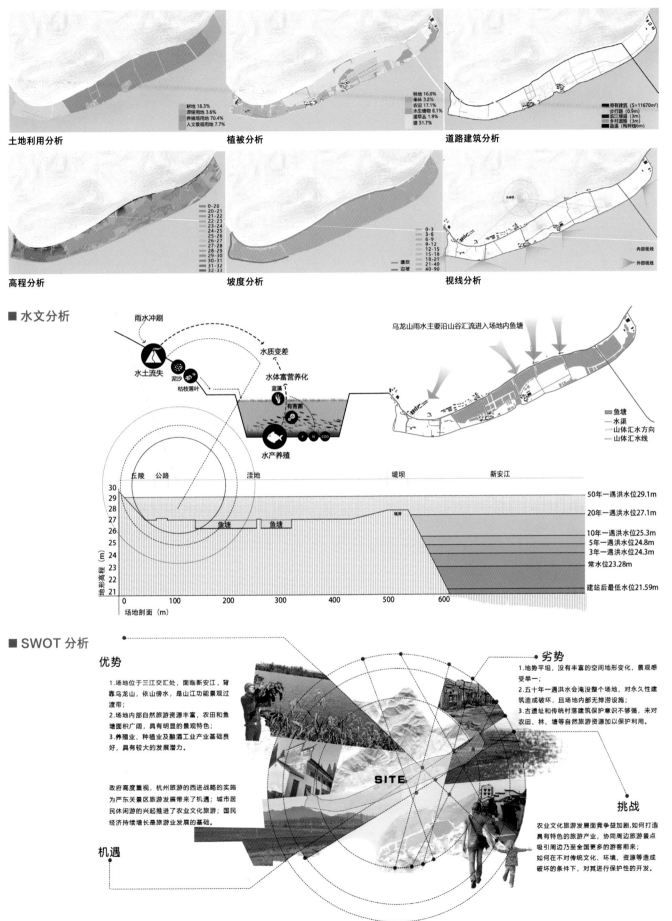

土地利用分析

耕地 18.3%
滞留用地 3.6%
养殖场用地 70.4%
人文景观用地 7.7%

植被分析

林地 16.0%
乔林 3.2%
农田 17.1%
水生植物 8.1%
灌草丛 1.9%
塘 51.7%

道路建筑分析

■ 原有建筑（S=11670m²）
步行路（0.9m）
滨江栈道（3m）
乡村道路（3m）
县道（梅坪线6m）

高程分析

0-20
20-21
21-22
22-23
23-24
24-25
25-26
26-27
27-28
28-29
29-30
30-31
31-32
32-33

坡度分析

0-3
3-6
6-9
9-12
12-15
15-18
18-21
21-40
40-90
堤坎
边坡

视线分析

内部视线
外部视线

■ 水文分析

雨水冲刷
水质变差
水体富营养化
水土流失
泥沙
枯枝落叶
蓝藻
有害菌
水产养殖

乌龙山雨水主要沿山谷汇流进入场地内鱼塘

鱼塘
水渠
山体汇水方向
山体汇水线

丘陵　公路　　洼地　　堤坝　　新安江

地形高程（m）

50年一遇洪水位29.1m
20年一遇洪水位27.1m
10年一遇洪水位25.3m
5年一遇洪水位24.8m
3年一遇洪水位24.3m
常水位23.28m
建站后最低水位21.59m

鱼塘　鱼塘

堤岸

0　100　200　300　400　500　600
场地剖面（m）

■ SWOT 分析

优势

1.场地位于三江交汇处，面临新安江，背靠乌龙山，依山傍水，是山江功能景观过渡带；
2.场地内部自然旅游资源丰富，农田和鱼塘面积广阔，具有明显的景观特色；
3.养殖业、种植业及酿酒工业产业基础良好，具有较大的发展潜力。

政府高度重视，杭州旅游的西进战略的实施为严东关景区旅游发展带来了机遇；城市居民休闲游的兴起推进了农业文化旅游；国民经济持续增长是旅游业发展的基础。

机遇

SITE

劣势

1.地势平坦，没有丰富的空间地形变化，景观感受单一；
2.五十年一遇洪水会淹没整个场地，对永久性建筑造成破坏，且场地内部无排涝设施；
3.古遗址和传统村落建筑保护意识不够强，未对农田、林、塘等自然旅游资源加以保护利用。

挑战

农业文化旅游发展面临竞争益加剧，如何打造具有特色的旅游产业，协同周边旅游景点吸引周边乃至全国更多的游客前来；
如何在不对传统文化、环境、资源等造成破坏的条件下，对其进行保护性的开发。

■ 设计分析

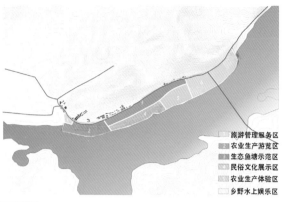

功能分区

图例：
- 旅游管理服务区
- 农业生产游览区
- 生态鱼塘示范区
- 民俗文化展示区
- 农业生产体验区
- 乡野水上娱乐区

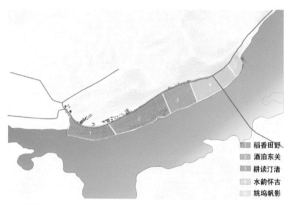

景观分区

图例：
- 稻香田野
- 酒泊东关
- 耕读汀渚
- 水韵怀古
- 姚坞帆影

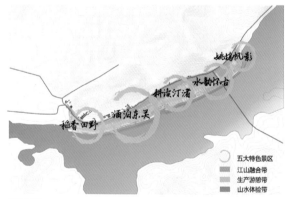

景观结构

图例：
- 五大特色景区
- 江山融合带
- 生产游憩带
- 山水体验带

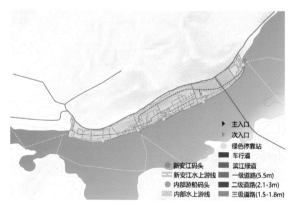

道路规划

图例：
- 主入口
- 次入口
- 绿色停靠站
- 新安江码头
- 新安江水上游线
- 内部游船码头
- 滨江绿道
- 一级道路(5.5m)
- 二级道路(2.1-3m)
- 三级道路(1.5-1.8m)
- 车行道
- 内部水上游线

■ 江山融合策略

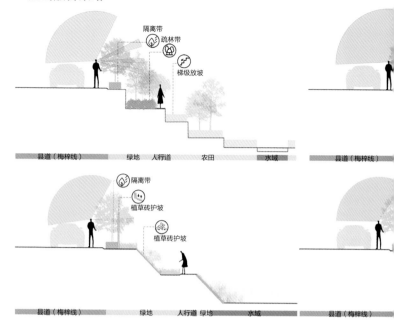

稻香田野

■ 塘浦圩田系统

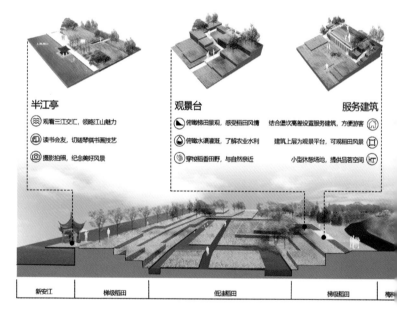

圩田系统结构示意图

泵房效果图
单层泵房

引水排水示意图
引水：将新安江的水引来
排水：将农田、池塘多余

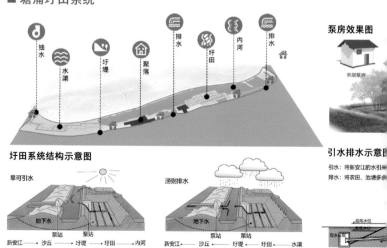

旱可引水
涝则排水

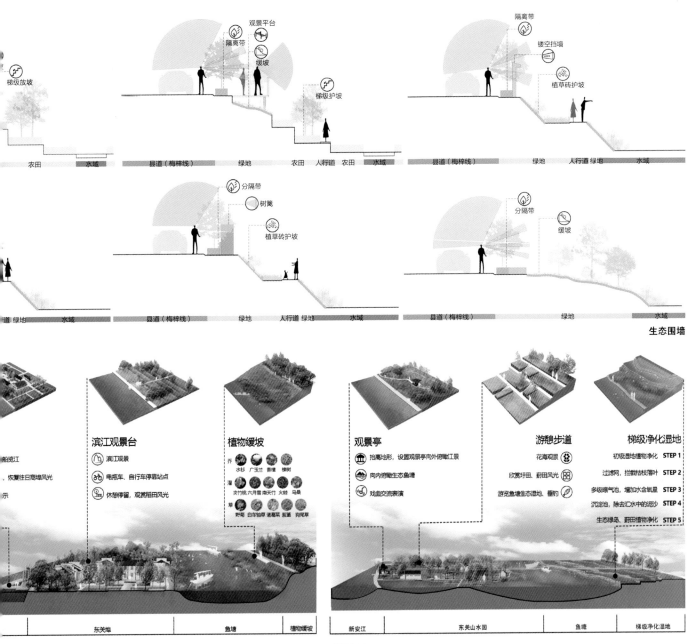

生态围墙

滨江观景台
- 滨江观景
- 电瓶车、自行车停靠站点
- 休憩停留，观赏稻田风光

植物缓坡
- 乔 水杉 广玉兰 香樟 榉树
- 湿 交竹兰 六月雪 南天竹 火棘 乌桕
- 野菊 白车轴草 菱葛菜 紫菀 狗牙草

观景亭
- 抬高地形，设置观景亭向外俯瞰乡工景
- 向内俯瞰生态鱼塘
- 戏曲交流表演

游憩步道
- 花海观景
- 欣赏圩田、蔚田风光
- 游览鱼塘生态湿地、垂钓

梯级净化湿地
- 初级湿地植物净化 STEP 1
- 过滤网，拦截古枝落叶 STEP 2
- 多级曝气池，增加水中含氧量 STEP 3
- 沉淀池，除去汇水中的泥沙 STEP 4
- 生态绿岛、蔚田植物净化 STEP 5

| 东关埠 | 鱼塘 | 植物缓坡 |

| 新安江 | 东关山水园 | 鱼塘 | 梯级净化湿地 |

耕读汀渚

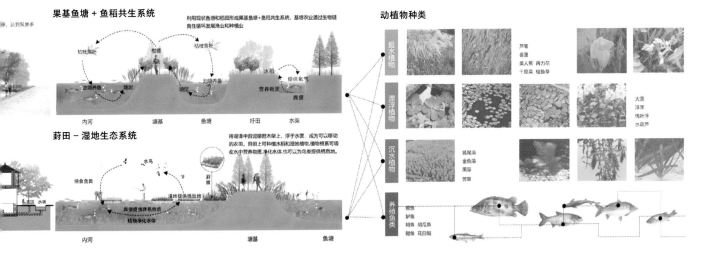

果基鱼塘 + 鱼稻共生系统
利用现状鱼塘和稻田形成果基鱼塘+鱼稻共生系统，基塘农业通过生物链良性循环发展渔业和种植业

蔚田－湿地生态系统
将湖泽中蔚泥移附木架上，浮于水面，成为可以移动的农田，蔚田上可种植水稻和湿地植物，植物根系可吸收水中营养物质，净化水体，也可以为鸟类提供栖息地。

动植物种类

挺水植物
芦苇 香蒲 美人蕉 再力花 干屈菜 榄鱼草

漂浮植物
大漂 浮萍 槐叶萍 水葫芦

沉水植物 狐尾藻 金鱼藻 黑藻 苦草

养殖鱼类
鲢鱼 鲈鱼 胡瓜鱼 鳕鱼 花白鲢

■ 旅游策划

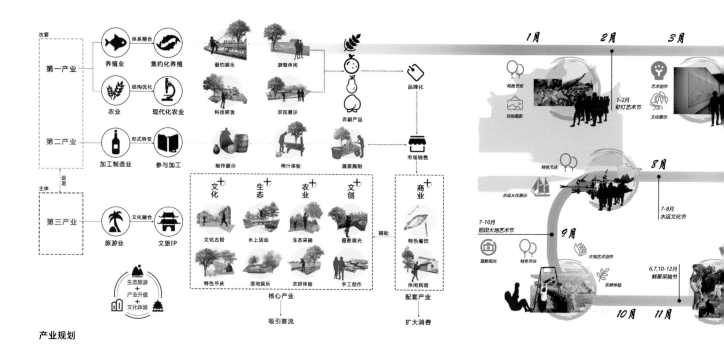

产业规划

■ 智慧园区系统

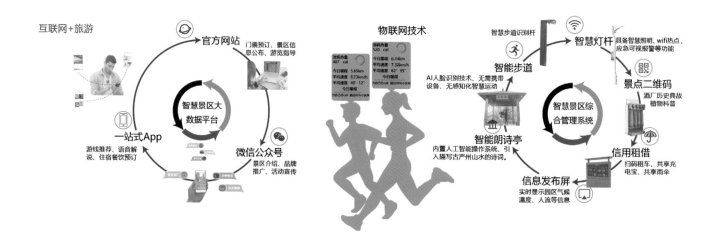

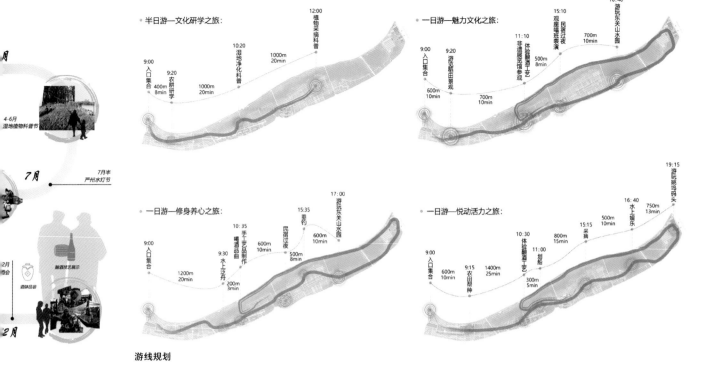

游线规划

水韵怀古

稻香田野

荷风清乐

酒厂鸟瞰图

双桥叠影

上塘村
Villa upper-pond

中塘村
Villa middle-pond

下塘村
Villa under-pond

1	梅城水湾 Mei-city inlets	2	老虎桥 Tiger bridge	3	青稞甜梦 Dream in barley	4	田野剧场 Field cinema	5	三江梦寻 View belt of the rivers
6	朴门体验基地 Villa Permaculture	7	五加酒乡 Wujiapi wine chateau	8	渔果三江 land-pool farming	9	经畲书院 Re-cultivation academy	10	梅关香市 Meiguan market
11	渔果三江 land-pool farming	12	百草园 Herbal garden	13	白鹭洲 Wteland	14	散花滩 Flowers beach	15	三都桥柯 Sandu bridge
16	十里香雪 Miles of wintersweet	17	镜月湖 Mirror moon pond		自驾服务中心 Self-driving service center	19	姚坞码头 Yaowu wharf		

总平面图

"月令"
——严东关慢镇新生活图式

优秀奖

参赛院校： 浙江农林大学

参赛团队： 邹怡蕾、钱吟柠、何嘉丽、徐煌诚

指导教师： 王欣

奖项名称： 2019 "新安江杯"严东关旅游综合体设计竞赛优秀奖

设计说明：

我们的设计灵感来源于"月令"。

设计以月相的变化为灵感，在场地空间序列、自然强度与人流活动上呈现一定变化。"满月"是人类干预强度最高的地方，人与人的交流互动达到最大值，建筑密度也达到最大值。"朔月"是自然强度最高的地方，人与人的交流转化为人与自然的交流，人从群体中脱离，享受着独处的时间。月的阴晴圆缺代表着人在自然与社会中的往复流动，形成动态的循环过程。在这里，游客可以自主选择自己在社会与自然中的位置。

为了将设计表达为一个动态的旅游综合体，我们对于该场地的设计提出了四个新要求：第一，旅游是生活型的旅游，让旅游从生活调剂品转化为生活习惯；第二，旅游是健康的旅游，不仅仅能帮助我们放松身体，更要在心理上给予治愈；第三，旅游是沉浸式的体验，每一个游客可以在不同的空间里找到归属感，将旅游上升为心灵净化的高度；第四，旅游是基于慢镇模式下，能从紧张的生活中逃离出来的旅游，是能提供"海帆通夜市，山雨遍春耕"的体验的旅游。

■ 设计背景

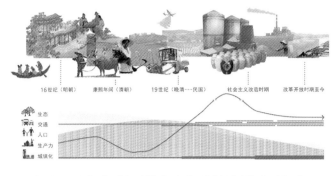

16世纪（明朝）　　康熙年间（清朝）　　19世纪（晚清—民国）　　社会主义改造时期　　改革开放时期至今

生态
交通
人口
生产力
城镇化

《礼记》有云："月"以"天地"为屏障"摹万物之穹顶"，对应着古人的'时空观'，尤其是时间观；"令"以"自然"为依凭"制万物之阴阳"，则参照、整合着古人的生态观。这种"天地自然"的融合实际上正反映了古人自然生态和谐观的原始生态图式的原始状貌。

本方案以生态设计为主题，结合中国园林传统"天人合一"的思想，以《礼记》为启发，以"月令"为主旨，将场地中生态恢复、景观游览、生活生产与自然四时为依凭一体化设计，构建严东关小镇"月令"生态模式。历史上的梅城属严州府，曾是新安江流域政治、经济、文化、交通中心，人杰地灵，繁华一时。严东关作为梅城的重要关口，是严州府富春驿的所在地，区域经济的繁荣与自然山水的灵秀相辅相成，吸引了众多文人名士隐居耕读，著书讲学，留下了辉煌灿烂的人文遗产。严东关小镇作为三江口第一小镇，将在溯古研今的生态活化设计下，重现旧时风光。

■ 现状问题

人地关系割裂

城市化进程　　土地资源污染　　植物长势差

BEFORE　2019　AFTER

景观破碎无序、场地文化消隐

BEFORE　2019　AFTER

原住居民流失

BEFORE　2019　AFTER

■ 核心策略

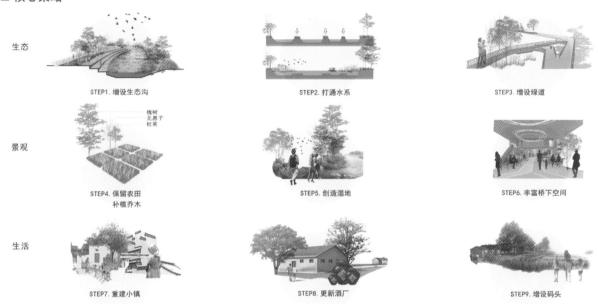

生态

STEP1. 增设生态沟　　STEP2. 打通水系　　STEP3. 增设绿道

景观

槐树
无患子
杜英

STEP4. 保留农田补植乔木　　STEP5. 创造湿地　　STEP6. 丰富桥下空间

生活

STEP7. 重建小镇　　STEP8. 更新酒厂　　STEP9. 增设码头

生态：生态方面，为了改善场地水生态，采取三个主要策略：1.增设生态沟，控制场地内部用地类型——采用（由南而北）沿江绿道、游览绿地、生态水带1:3:2的布局模式，辅之微观层面的农田生态沟、修复性湿地、生态渔业等设计，稳固生态安全格局；2.打通水系，沟通原有鱼塘与其他水系，建立耕地内部水循环生态游览水循环、退耕养鱼池等体系，通过自然水系流动效益，辅之废水收集、生态净化、湿地涵养等手段，为场地带来健康、充满活力的水系统；3.增设绿道，在增加场地景观多样性的同时对进行生态廊道建设，连接各个生态斑块，增加游览者对于景观的可达性。

景观：景观方面，为了增加场地景观多样性，采用三个主要策略：1.保留场地西侧大面积农田，在保留原有田园景观的条件下补植乔木，对农田原有单一的生态系统进行升级，增加生态系统多样性；2.创造湿地，将场地东侧的大面积鱼塘打通，设计为湿地，增加景观多样性，将场地规划为上塘（游览段）、中塘（水域段）、下塘（农田段）三个部分，构建三个严东关月令村，搭配不同的植物群落，构建多样化的生物栖息地；3.增加桥下空间景观多样性，植入便利设施、休闲娱乐设施，并补充绿化，使桥下空间更丰富有趣。

生活：生活生产方面，为了提升原住民以及游客的生活体验，采用三个措施：1.重建渔村小镇，将原住居民按内水系走向分为上塘、中塘、下塘三个部分，集中将村落的建筑改建为老式古建屋顶形式，采用乡土材料，以建筑裂缝等小空间为鸟类、虫类等小型生物的共存提供栖息条件，保留村庄古朴的乡土气息；2.更新酒厂，在原有酒厂选址上对酒厂外观进行改善，在酒厂内部设计体验酿造活动的展馆，着重打造体验式游览的氛围；酒厂内同样设展馆对当地五加皮酒的制作进行科普；3.增设码头，为内水系船只停靠营造空间，且可作为商业和人口流动地聚集。

■ 要素分析

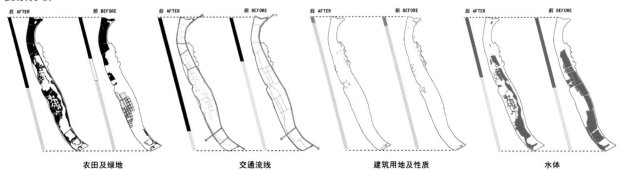

后 AFTER　前 BEFORE　　后 AFTER　前 BEFORE　　后 AFTER　前 BEFORE　　后 AFTER　前 BEFORE

农田及绿地　　　　交通流线　　　　建筑用地及性质　　　　水体

■ 逻辑推演

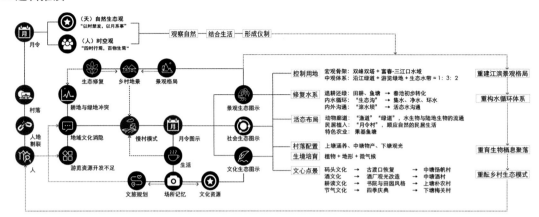

■ 传统月令图示

■ 面向地区、群体以及设计方向

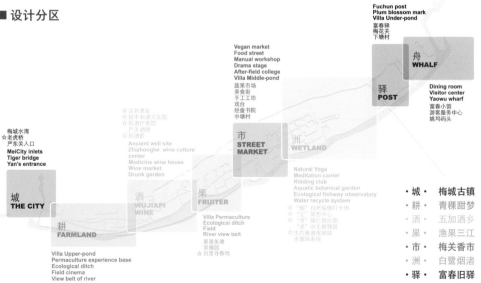

■ 场地分析

■ 设计分区

Fuchun post
Plum blossom mark
Villa Under-pond
富春驿
梅花关
下塘关村

舟
WHALF

驿
POST

Dining room
Visitor center
Yaowu wharf
富春小馆
游客服务中心
姚坞码头

Vegan market
Food street
Manual workshop
Drama stage
After-field college
Villa Middle-pond
蔬果市场
美食街
手工工坊
戏台
经耕书院
中塘村

市
STREET
MARKET

洲
WETLAND

☆ 古井酒坊
☆ 致中和酒文化馆
☆ 药酒行养堂
严关酒肆
☆ 醉酒园

Ancient well site
Zhizhonghe wine culture
center
Medicine wine house
Wine market
Drunk garden

Natural Yoga
Meditation canter
Ridding club
Aquatic botanical garden
Ecological fishway observatory
Water recycle system

梅城水湾
☆ 老虎桥
严东关入口
MeiCity inlets
Tiger bridge
Yan's entrance

城
THE CITY

酒
WUJIAPI
WINE

果
FRUITER

Villa Permaculture
Ecological ditch
Field
River view belt
果基鱼塘
采摘园
☆ 百果寻香地

· 城 · 梅城古镇
· 耕 · 青稞甜梦
· 酒 · 五加酒乡
· 果 · 渔果三江
· 市 · 梅关香市
· 洲 · 白鹭烟渚
· 驿 · 富春旧驿
· 舟 · 七里扬帆

耕
FARMLAND

Villa Upper-pond
Permaculture experience base
Ecological ditch
Field cinema
View belt of river

上塘村
☆ 朴门永续体验基地
生态沟渠
☆ 田野剧场
沿江观景带

■ 场地要素比例

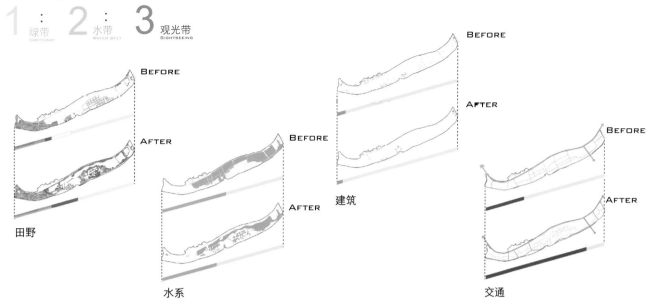

1 : 2 : 3
绿带 GREENWAY　水带 WATER BELT　观光带 SIGHTSEEING

田野

水系

建筑

交通

■ 设计策略

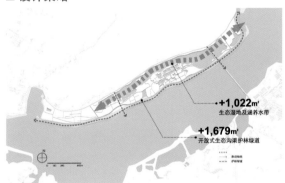

+1,022㎡
生态湿地及涵养水带

+1,679㎡
开放式生态沟渠护林绿道

生态结构示意

湿地慢行道
WETLAND SLOW LANE

登山景观步道
MOUNTAINEERING LANDSCAPE

树林骑行道
FOREST TRACK

滨江步道
THE RIVER-SIDE TRAIL

慢行系统以及生态绿网

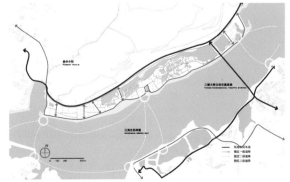

机动车及主要道路

解决策略 STRATEGY

景观图示

自然 NATURE
保留场地原山水格局以及西侧大面积农田，将封闭的富营养化水系打通，建立生态湿地。

生境 HABITAT
建筑利用乡土材料和古建做法，在梁、屋顶留出空隙，为鸟类、昆虫等小型生物提供生境。

循环 RECYCLE
场地分为上、中、下三级，沿用朴门系统原则，果实鱼虾等实现形式，达成场地内物质能量循环。

社会图示

生活 LIFE
开放月令文化中犁田、播种、插秧、捕捞等文展休闲活动，四季轮作，给予游客沉浸式体验。

休闲 RELAXATION
注入富春夜宿、灯会闲诗语、书院雅集等文展休闲活动，增加场地休闲功能，使慢生活成为可能。

教育 EDUCATION
场地地经设计后历史更加深化，且设计针对群体中包含学生群体，对其课外活动具有教育意义。

文化图示

保留 RESERVE
保留原双峰凌云山水格局，保留潮坊、古塔等原始建筑形式，保证新旧文化形式并存，呈现古今并存的村镇格局。

继承 INHERIT
设立严东关特有"经衢书院"，将与史书作为馆藏，将梅城的历史作为旅游标识，以壁绘、VR等形式对历史进行追溯。

发展 DEVELOPMENT
对场地内酒厂加以更新，以渔业带动周边文创产品与产业的发展，将"梅城——严东关"品牌进行推广。

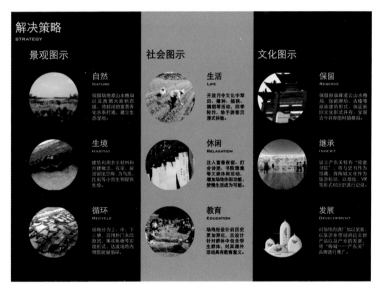

竹构茶室
BAMBOO STRUCTURE TEAHOUSE

林中小筑
SMALL BUILDING IN THE FOREST

游客服务中心
VISITOR SERVICE CENTRE

旧屋改造咖啡厅
THE OLD CAFE

泊船小卖
THE BOAT SHOP

服务点策略

■ 节点设计

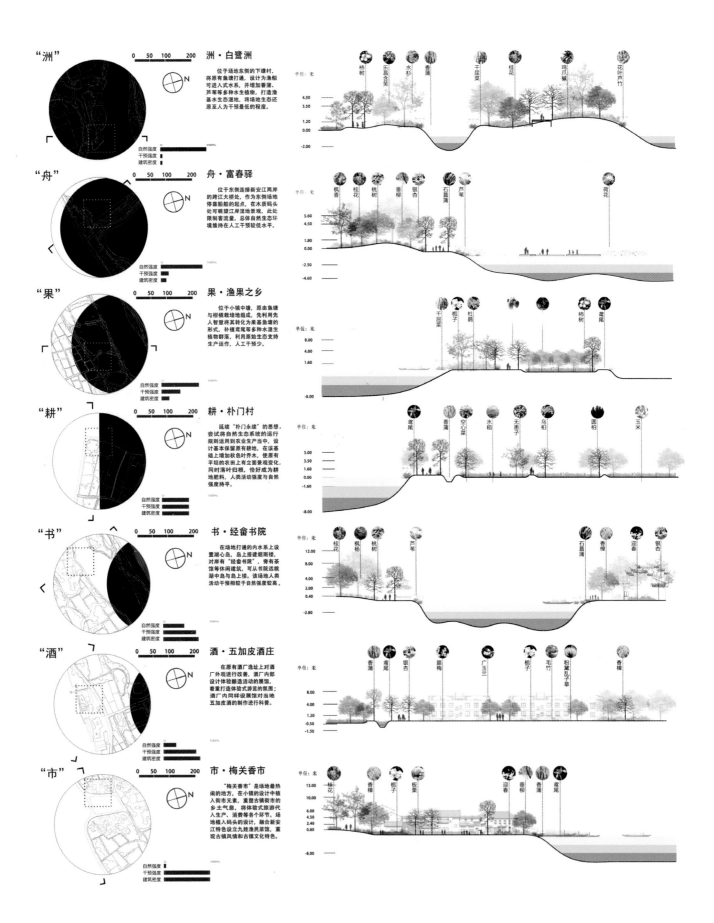

"洲"

0 50 100 200

N

洲·白鹭洲

位于场地东侧的下塘村，将原有鱼塘打通，设计为渔船可进入式水系，并增加蒲苇、芦苇等多种水生植物，打造渔基水生态湿地，将场地生态还原至人为干预最低的程度。

自然强度
干预强度
建筑密度

柿树　乐昌含笑　水杉　香蒲　　千屈菜　桂花　鸡爪槭　花叶芦竹

单位：米
4.50
3.50
1.20
0.00
-2.00

"舟"

0 50 100 200

N

舟·富春驿

位于东侧连接新安江两岸的跨江大桥处，作为东侧场地停靠船舶的起点，在木质码头处可眺望江岸湿地景观，此处限制客流量，总体自然生态环境维持在人工干预较低水平。

自然强度
干预强度
建筑密度

枫香　桂花　桃树　垂柳　银杏　石菖蒲　芦苇　　　　　荷花

单位：米
5.60
4.50
1.80
0.00
-2.50
-4.60

"果"

0 50 100 200

N

果·渔果之乡

位于小镇中塘，原由鱼塘与柑橘栽培地组成，先利用场地人智慧将其转化为果基鱼塘的形式，补植茭尾等多种水湿生植物群落，利用原始生态支持生产运作，人工干预少。

自然强度
干预强度
建筑密度

千屈菜　栀子　杜鹃　　　　栀子　　　柿树　鸢尾

单位：米
8.00
1.60
-8.00

"耕"

0 50 100 200

N

耕·朴门村

延续"朴门永续"的思想，尝试将自然生态系统的运行规划运用到农业生产当中，设计基本保留原有耕地，在该基础上增加秋色叶乔木，使原有平坦的农田上有立面景观变化，同时落叶归根，恰好成为耕地肥料，人类活动强度与自然强度持平。

自然强度
干预强度
建筑密度

鸢尾　香蒲　空心菜　水稻　无患子　乌桕　　圆柏　玉米

单位：米
5.00
3.50
1.60
0.00
-1.60
-8.00

"书"

0 50 100 200

N

书·经畲书院

在场地打通的内水系上设置湖心岛，岛上搭建烟雨两楼，对岸有"经畲书院"，旁有茶馆等休闲建筑，可从书院远眺湖中岛与岛上楼。该场地人类活动干预相较于自然强度较高。

自然强度
干预强度
建筑密度

桂花　枫杨　桃树　芦苇　　　　　石菖蒲　香樟　迎春　银杏

单位：米
12.00
8.00
4.00
0.40
-2.80

"酒"

0 50 100 200

N

酒·五加皮酒庄

在原有酒厂选址上对酒厂外观进行改造，酒厂内部设计体验酿造活动的展馆，着重打造体验式游览的氛围；酒厂内同样设展馆对当地五加皮酒的制作进行科普。

自然强度
干预强度
建筑密度

香蒲　鸢尾　银杏　腊梅　　广玉兰　　栀子　毛竹　粉黛乱子草　香樟

单位：米
8.00
4.00
1.20
-0.50
-1.50

"市"

0 50 100 200

N

市·梅关香市

"梅关香市"是场地最热闹的地方，在小镇的设计中植入街市元素，重塑古镇街市的乡土气息，将体验式旅游代入生产、消费等各个环节。场地植入码头的设计，融合新安江特色设立九姓民菜馆，重现古镇风情和古镇文化特色。

自然强度
干预强度
建筑密度

桂花　香樟　栀子　板栗　　　迎春　垂柳　香蒲　鸢尾

单位：米
13.00
10.00
6.00
4.50
2.40
-8.00

■ 活动策划

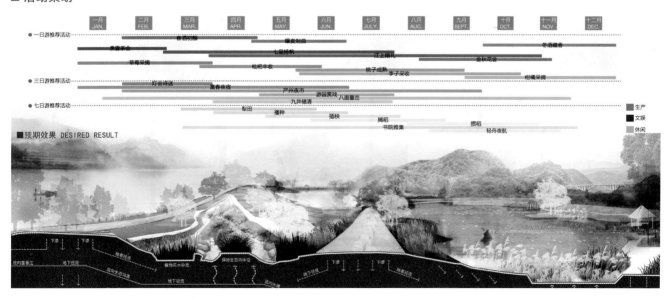

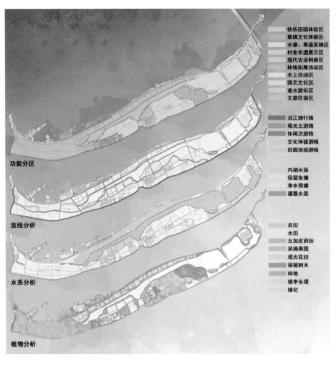

功能分区

流线分析

水系分析

植物分析

快乐田园体验区
集镇文化体验区
水塘、果蔬采摘区
村舍非遗展示区
现代农业科普区
林地拓展活动区
水上活动区
园艺文化区
逐水游乐区
文旅住宿区

沿江骑行线
观光主游线
休闲次游线
文化体验游线
田园活动游线

内湖水面
保留鱼塘
净水荷塘
灌溉水渠

农田
水田
五加皮药田
采摘果园
观光花田
保留树木
林地
桃李长堤
绿化

总平面图

梅城东门　老虎桥　黄埔街　停车场　餐饮服务区　灌溉水渠　滨江骑行步道　田间主栈道　农耕体验田　农耕小农庄　租赁田

"少年村"
——严东关青少年研学旅游综合体设计

优秀奖

参赛院校： 中国美术学院

参赛团队： 刘正浩、俞梦萍、叶秋伊、曾鸿铭

指导教师： 康胤

奖项名称： 2019"新安江杯"严东关旅游综合体设计竞赛优秀奖

设计说明：

　　本案利用严州自身三江汇流"天之和"、山环水拖"地之和"、内外和睦"人之和"，从中提取严州"和文化"，以此文化为底蕴，在"轻干预"的原则下整合场地内部资源，打造一个以青少年为主体的研学旅行（社会与自然教育）基地。研学旅行是研究性学习和旅行体验相结合的校外教育活动，是学校教育和校外教育衔接的创新形式，促进学生书本知识和社会实践的深度融合。

　　一是希望少年儿童在场地的田园劳作活动，在田园娱乐拓展中感受严州"和睦"文化中的团队协作与互帮互助；二是想要打破现代灌输式为主的教育体系，不再局限于对学生进行纯粹的书本知识的传授，而是让学生参加实践活动，在实践中学会学习和获得各种能力；三是增添少年职业模拟体验活动，少年们可以体验各类田园职业的乐趣与艰辛，体验的过程即是"玩"的过程，以此达到寓教于乐的目的。

　　希望构建家校共同教育的田园，创造少年天性释放的乐园，重塑游者回归自然的山水园。

88

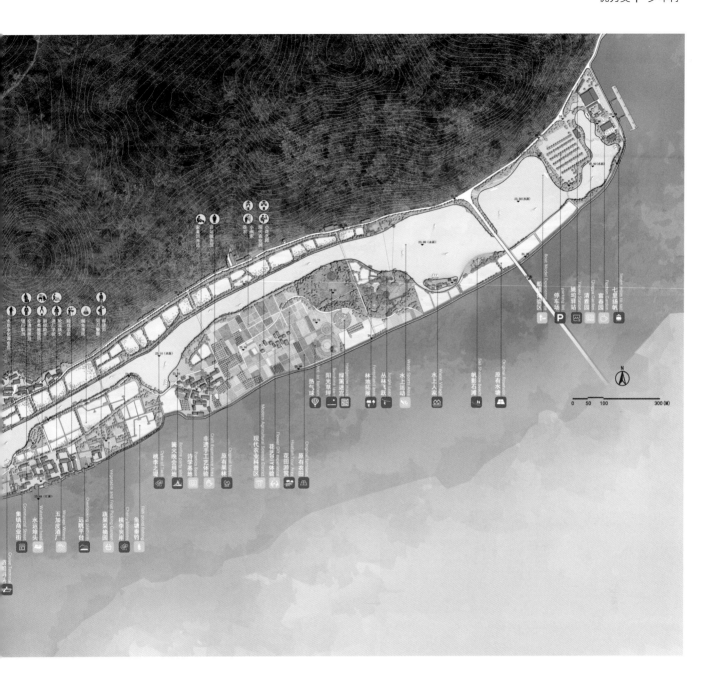

■ 概念拼贴

场地位于三江汇流处，是富春江开端，自然环境颇有黄公望《富春山居图》山水意趣，因此本方案将《富春山居图》的山水画境与《清明上河图》的集镇村舍相结合，作为本次设计的蓝本，再加上以青少年为主体的研学教育活动和其他人群的山水游观活动，以此焕发三江口严东关的青春活力。

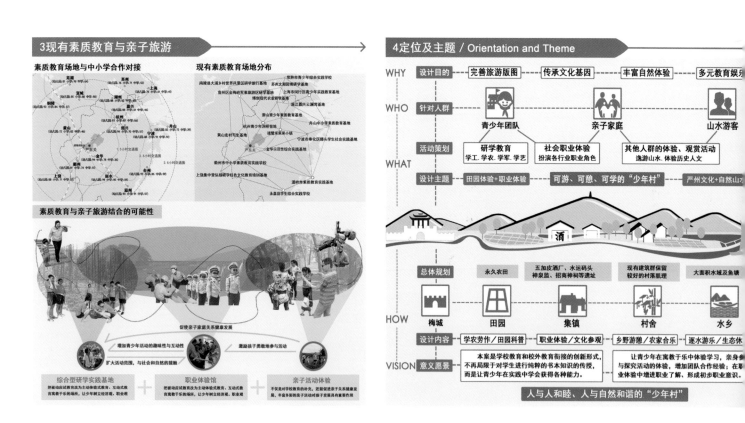

设计策略/Design strategy

①文脉传承——回应历史

重建历史遗迹（神泉监、招商神祠），依托五加皮酒厂与东关埠，恢复繁荣的商业街区。

神泉监　　五加皮酒厂　　水运码头　　非遗手工艺　　睦州诗学

②田园劳作——青少年团队合作·亲子家庭和睦

二是田园劳作活动，在劳作体验的过程中，同时也是田园科普的过程，寓教于乐。

田园耕作　　蔬果采摘　　采莲藕·菱角　　捕鱼·垂钓　　农作物运输

③职业体验——人与人和谐共处

少年职业体验，进行角色扮演，它弥补了传统教育方式的缺失，具有使孩子体验社会职业、提早培养社会适应能力的全新教育功能。

参观了解　　职业体验　　家长跟踪观察　　自我评价　　收获劳动报酬

④游赏体验——人与自然和谐

田园游观　　沿江骑行　　逐水游乐　　花田游赏　　林间游憩

6活动策划/Event planning

以青少年为主体，将青少年的田间劳作与职业体验置入场地（回应青少年活动）

将青少年带进一个"虚拟"的工作环境中，去体验各行各业、形形色色的职业，例如田园劳作的"小农民"；城镇的"小警察"；学非遗的"小学徒"等等...一派以青少年为主导的"少年村落"。

让孩子们在职业模拟导师引导下，提升各个方面的能力和素质。变被动应试教育为主动体验式教育、互动式教育，让青少年在娱乐中轻松主动地学习劳动与技术、文化和科学知识。

○8:00-17:00　☀12:00-17:00　☾17:00-21:00

周末 2days			
1day	坐车到达	农田劳作	商业集镇吃饭
	集镇游玩	果园采摘	露天电影
	商业集镇吃饭	参观酒厂	篝火晚会

○8:00-12:00　☀12:00-17:00　☾17:00-21:00

2day	田园游赏	花艺DIY	水上人家吃饭
	农业科普	水上乐园	集镇散步
	村舍吃饭	船模体验	夜间睦戏

寒暑假 7-10days	1day	2day	3day	4day	5day	6day	7day
○	坐车到达	农耕体验	酒厂学徒	花田游赏	模拟职业	农耕体验	水上游乐
☀	农耕体验	水田采摘	模拟职业	水上游乐	船模体验	花艺DIY	船模比赛
☾	篝火晚会	夜游集镇	露天电影	戏曲学徒	露天野营	篝火晚会	坐车回家

运营策划/Operational planning

模拟北宋"神泉监"货币，青少年劳作可赚取货币（青少年活动与历史元素结合）

北宋年间梅城城东望云门外设立了铸钱币的神泉监和东津税务（北宋十六个钱币铸造地之一），一模拟的货币是回应这段钱币历史，二是希望有个"纽带"串联场地的各项活动，少年在场地上劳作与模拟职业中可赚取"货币"，在集镇交易或在林地拓展、水上游乐使用，以此建立青少年一分耕耘、一分收获的经济观。

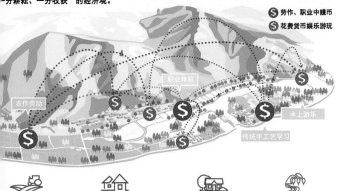

Ⓢ 劳作、职业中赚币
Ⓢ 花费货币娱乐游玩

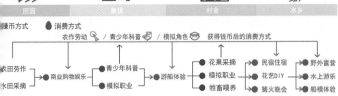

赚币方式　●消费方式

农作劳动🔑 青少年科普📖 模拟角色🎭 获得钱币后的消费方式

8规划结构 / Design strategy

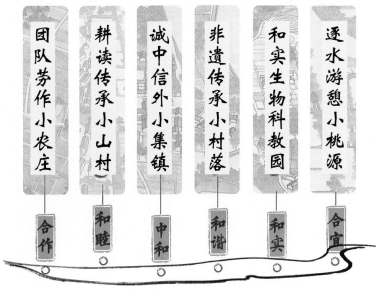

寓教于乐「少年村」

一庄一集一村庄
一园一村一桃源

团队劳作小农庄　耕读传承小山村　诚中信外小集镇　非遗传承小村落　和实生物科教园　逐水游憩小桃源

合作　和睦　中和　和谐　和实　合宜

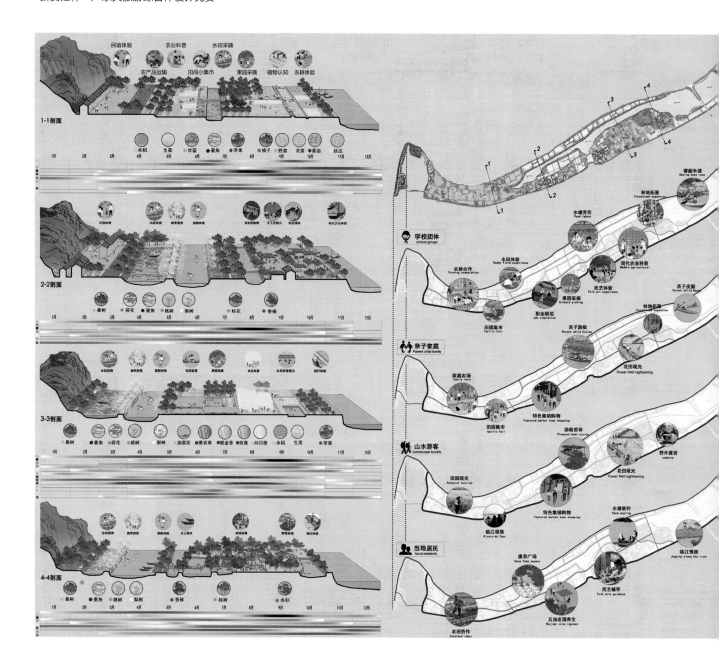

原场地有水运商埠、东关驿站以及五加皮酒厂等，建筑群体量大，依托水运码头将其规划为整个场地的"集镇"，重建神泉监等历史遗迹以及各类商铺，恢复往日繁华水运的集镇，同时它是作为周边几个区块中较有分量的核心活动区块，青少年可在此进行多种职业体验。

功能分区

道路分析

竖向分析

全域鸟瞰图

优秀奖

探古寻梅
——续写梅城故事

参赛院校： 中南林业科技大学

参赛团队： 周道媛、刘锐、林静、开伟

指导教师： 杨柳青

奖项名称： 2019"新安江杯"严东关旅游综合体设计竞赛优秀奖

设计说明：

　　一条乌龙卧江口，江中碧水映双塔，繁华水运千帆下，四方商贾三角城，半朵梅花媲皇都，三丈红墙护古城，统辖浙西十三县，名冠华夏千余年。梅城，习称"严州古城"，一座有近1800年历史的古城，经过岁月的打磨、洗礼，有过辉煌，有过衰落，正因为如此，它的文化，它的历史，也变得更加的独有韵味。本次设计则是通过延续梅城历史文化，再现梅花香自苦寒来的精神，同时，在场地中赋予梅城历史文化，既可以让大众在场地游玩的过程中感受到梅城的历史文化，同时也是对于梅城历史文化的延续，进而又使得梅城梅开二度，再现它的精彩。本次设计从历史文化、人文、生态、经济、社会等多个方面依次展开，从而赋予场地中各个空间不同的含义，意将严东区打造成一个具有多维性、可塑性、多重意义性的综合旅游胜地。场地主要空间划分为水上活动区、农田生态观光区、历史文化博览区、亲子游乐区、经济果林区。农田上的折线观光栈道借鉴放翁的劝农诗（放翁即陆游）。陆游通过劝农诗向我们呈现了人们当年耕种的辛苦以及曲

折，让广大游客在进行农耕体验、农业观光的过程中深刻地感受到当年的农业文化。文化广场是借鉴梅花之形来打造文化场地，"天下梅花两朵半，北京一朵，南京一朵，严州半朵"，可见当时梅城是怎样的辉煌状态。不仅从形，更是从意来赋予文化广场含义，使大众更深刻地感触当年的梅城。本着保护为主，开发为辅的原则，对场地中的水体进行人性化的设计，选取水灯的意境在水上营造一个以梅花花瓣为踏步平台的水灯空间，供人们在此间游览观赏。场地中的建筑主要改造成历史博物馆、民俗博物馆、湿地博物馆、儿童博物馆、文艺工作坊、体验性民宿，分别以当时百姓最想保留的六座城楼（六座城楼现都已经损毁）来命名，分别为澄清、福云、和义、武定、拱辰、兴江，从而让人们回忆历史，铭记历史。

■ 区位分析

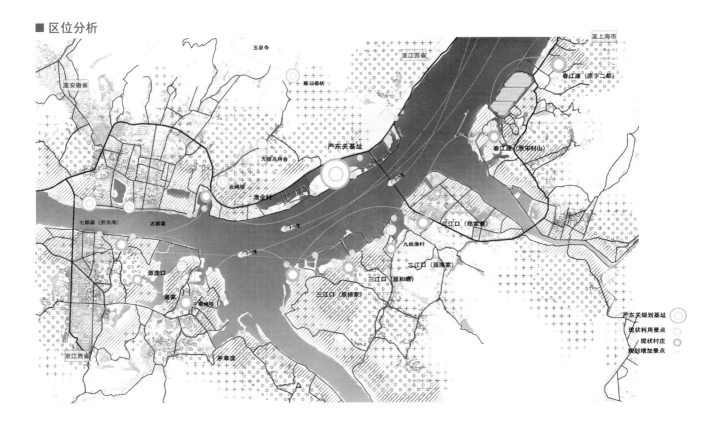

■ 现状分析

■ 千层饼分析

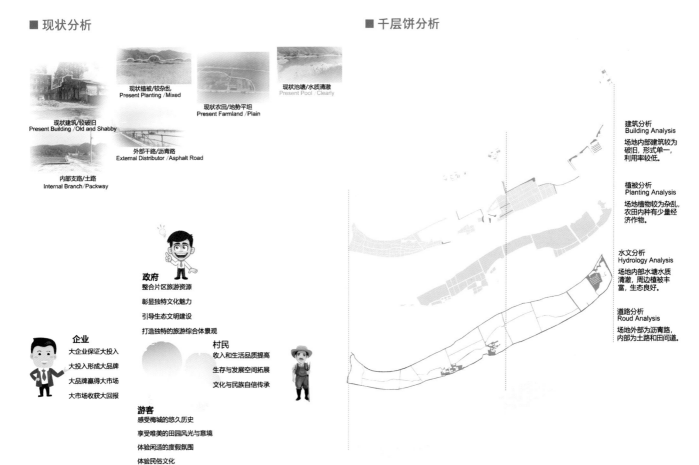

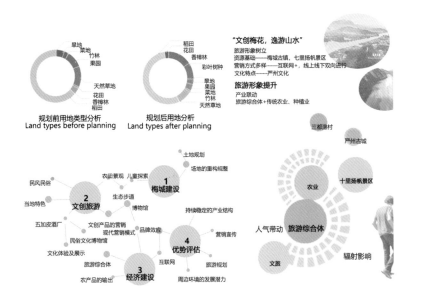

规划前用地类型分析
Land types before planning

规划后用地分析
Land types after planning

"文创梅花，逸游山水"
旅游形象树立
资源基础——梅城古镇，七里扬帆景区
营销方式多样——互联网+、线上线下双向进行
文化特点——严州文化

旅游形象提升
产业联动
旅游综合体+传统农业、种植业

1 梅城建设
土地规划
场地的重构规整
农田景观　儿童探索
生态步道
博物馆

2 文创旅游
民风民俗
当地特色
五加皮酒厂
文创产品的营销
现代营销模式
民俗文化博物馆
文化体验及展示
旅游综合体

3 经济建设
农产品的输出
互联网

4 优势评估
持续稳定的产业结构
品牌效应
营销宣传
旅游规划
周边环境的发展潜力

农业
旅游综合体
文旅
人气带动
辐射影响

三都渔村
严州古城
十里扬帆景区

■ 产业结构分析

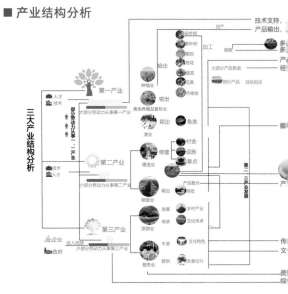

三大产业结构分析

■ 资源整合

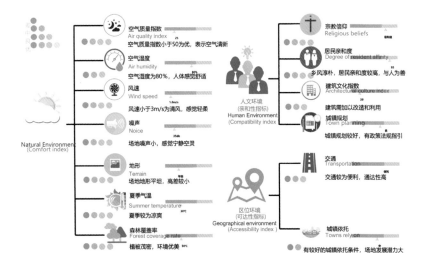

自然环境
Natural Environment
(Comfort index)

空气质量指数
Air quality index
空气质量指数小于50为优，表示空气清新

空气湿度
Air humidity
空气湿度为80%，人体感觉舒适

风速
Wind speed
风速小于3m/s为清风，感觉轻柔

噪声
Noice
场地噪声小，感觉宁静空灵

地形
Terrain
场地地形平坦，高差较小

夏季气温
Summer temperature
夏季较为凉爽

森林覆盖率
Forest coverage rate
植被茂密，环境优美

人文环境
（亲和力指标）
Human Environment
(Compatibility index)

宗教信仰
Religious beliefs

居民亲和度
Degree of resident affinity
乡风淳朴，居民亲和度较高，与人为善

建筑文化指数
Architectural culture index
建筑需加以改造和利用

城镇规划
Town planning
城镇规划较好，有政策法规指引

区位环境
（可达性指标）
Geographical environment
(Accessibility index)

交通
Transportation
交通较为便利，通达性高

城镇依托
Towns rely on
有较好的城镇依托条件，场地发展潜力大

■ PEST 分析

政策 Policy
乡村振兴战略的提出加强城乡结合、实现农村产业升级、提高村民幸福感的新路径。"旅游综合体"出现，是"旅游消费模式升级——从单一观光旅游到综合休闲度假发展模式升级——从单一开发到综合开发、地产开发模式升级——从传统住宅到综合休闲地产"三大升级共同作用的结果。"旅游综合体"必然是推动中国旅游升级的主力引擎。

The proposal of rural revitalization strategy provides a new path to strengthen the integration of urban and rural areas, achieve rural industrial upgrading and improve the happiness of villagers. The emergence of tourism complex is the result of the upgrade of tourism consumption mode, from single sightseeing tourism to comprehensive vacation and scenic spot development mode, from single development to comprehensive development. Tourism complex is bound to be the mainengine to promote the upgrade of China's tourism industry.

经济 Economic
农村经济对我国经济稳步增长发挥了重要作用，农村经济的发展是推进农业现代化建设的物质基础，同时农村经济的可持续发展和农业发展方式的转型都依赖于整体建设。

Rural economy plays an important role in the steady growth of China's economy. The development of rural economy is the material basis for promoting the construction of agriculture and rural modernization. Meanwhile, the sustainable development of rural economy and the transformation of agricultural development mode all depend on the overall construction of rural areas.

社会文化 Social culture
随着城市化的快速迈进，人们对自然环境和淳朴乡村的渴望也愈发热切。人们对文化的探索与体验需求正在增加，此外，在乡村旅游发展的大背景下，结合区域自然生态景观资源，融合文化特色，打造旅游景观综合体。

With the rapid development of urbanization, people's desire for natural environment and countryside is becoming more and more ardent. People's demand for exploration and experience of different cultures is increasing. In addition, under the background of rural tourism development, combined with regional natural ecological landscape resources, integrated cultural features, to build tourism landscape complex.

技术 Technology
国内外旅游综合体发展不断深化，发展形势愈发多样，有大量的案例可以借鉴。旅游综合体发展的进程中，有许多较为成熟的治理技术、管理手段、调控方法等，有良好的发展前景。

The development of domestic and foreign tourism complexes is deepening, and the increasingly diverse forms of development. There are plenty of examples. In the process of tourism complex development, there are many mature governance technologies, management means, regulation methods and so on, which have good development prospects.

■ 梅花专项设计

玉蝶型-小玉蝶梅　江梅型-雪梅　江梅型-六瓣梅　宫粉型-素白台阁梅　丰后型-淡丰后梅

宫粉型-红须台阁　宫粉型-银红台阁　宫粉型-淡妆宫粉　朱砂型-粉红朱砂　美人梅

绿萼型-绿萼梅　绿萼型-变绿萼　绿萼型-二绿萼　绿萼型-小绿萼　绿萼型-金钱绿萼

朱砂型-白须朱砂　朱砂型-干瓣朱砂　朱砂型-红须朱砂　朱砂型-钱红鸟　宫粉型-扣瓣大红

■ 剖立面分析图

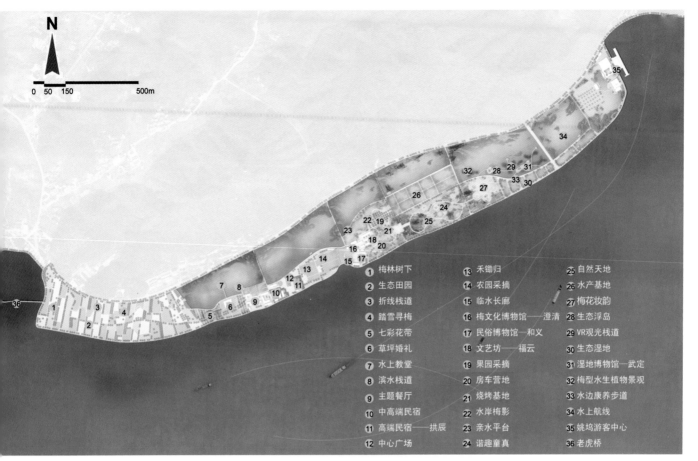

① 梅林树下	⑬ 禾锄归	㉕ 自然天地
② 生态田园	⑭ 农园采摘	㉖ 水产基地
③ 折线栈道	⑮ 临水长廊	㉗ 梅花妆韵
④ 踏雪寻梅	⑯ 梅文化博物馆——澄清	㉘ 生态浮岛
⑤ 七彩花带	⑰ 民俗博物馆——和义	㉙ VR观光栈道
⑥ 草坪婚礼	⑱ 文艺坊——福云	㉚ 生态湿地
⑦ 水上教堂	⑲ 果园采摘	㉛ 湿地博物馆——武定
⑧ 滨水栈道	⑳ 房车营地	㉜ 梅型水生植物景观
⑨ 主题餐厅	㉑ 烧烤基地	㉝ 水边康养步道
⑩ 中高端民宿	㉒ 水岸梅影	㉞ 水上航线
⑪ 高端民宿——拱辰	㉓ 亲水平台	㉟ 姚坞游客中心
⑫ 中心广场	㉔ 谐趣童真	㊱ 老虎桥

总平面图

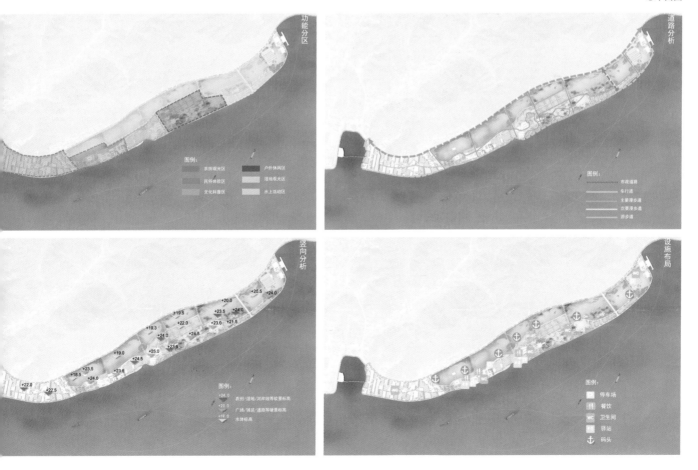

■ 理念演绎

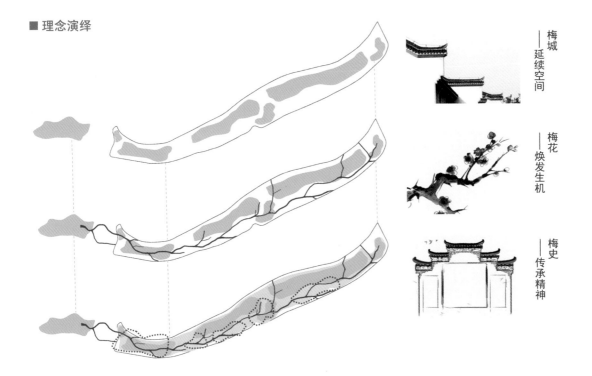

梅城 —— 延续空间

梅花 —— 焕发生机

梅史 —— 传承精神

■ 梅城历史

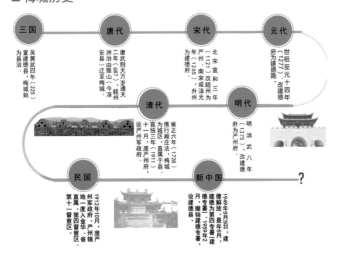

■ 建筑风格分析

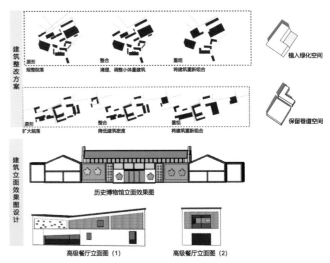

建筑整改方案

植入绿化空间

保留巷道空间

原形 规整院落　整合 清理、调整小体量建筑　重组 将建筑重新组合

原形 扩大院落　整合 降低建筑密度　重组 将建筑重新组合

建筑立面效果图设计

历史博物馆立面效果图

高级餐厅立面图（1）　高级餐厅立面图（2）

■ 概念提取

标识提取半朵梅花堆堞墙、新安江秀丽山水、梅城古镇等元素与梅花的轮廓完美结合，进行抽象化演绎，强化标识的独特性、专属性。整体轮廓如一朵梅花，下方的曲线和直线分别代表新安江的山和水，不仅体现了梅城的地方特色和山水风情，更展示出严州的历史文化特色。此外，整个图标为粉红色，切合梅花粉色，更寓意着该地的鸟语花香与勃勃生机。

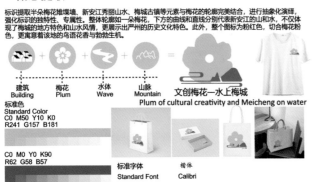

建筑 Building ＋ 梅花 Plum ＋ 水体 Wave ＋ 山脉 Mountain ＝

文创梅花—水上梅城
Plum of cultural creativity and Meicheng on water

标准色
Standard Color
C0 M50 Y10 K0
R241 G157 B181

C0 M0 Y0 K90
R62 G58 B57

标准字体
Standard Font

楷体
Calibri

■ 旅游元素

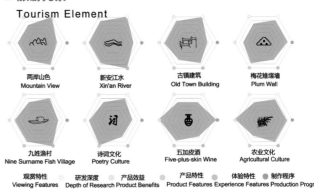

Tourism Element

两岸山色 Mountain View　新安江水 Xin'an River　古镇建筑 Old Town Building　梅花堆堞墙 Plum Wall

九姓渔村 Nine Surname Fish Village　诗词文化 Poetry Culture　五加皮酒 Five-plus-skin Wine　农业文化 Agricultural Culture

观赏特性 Viewing Features　研发深度 Depth of Research　产品效益 Product Benefits　产品特性 Product Features　体验特性 Experience Features　制作程序 Production Program

鸟瞰图

优秀奖

严东关十二时辰
——基于"三生"理念的严东关旅游综合体规划设计

参赛院校： 华南农业大学

参赛团队： 陈赓宇、方永立、韦通洋、颜梦琪

指导教师： 高伟

奖项名称： 2019"新安江杯"严东关旅游综合体设计竞赛优秀奖

设计说明：

　　本方案针对严东关景观生态资源亟待可持续开发，传统生活智慧缺少延续，产业零散、缺乏高效链接等问题，从生产、生活、生态三个方面打造一张全新的严东关旅游名片。生产方面，将三产联动，与数字技术相结合，强化严东关特色渔乡体验，提升村民就业能力。生活方面，结合严东关十二时辰景观特色，打造活力体验游、休闲研学游、养生休闲游三条精品旅游路线。生态方面，通过内外部交通的梳理，结合时令的种植设计、生态驳岸的优化等手法实现景观生态链接，与此同时，对基础设施进行升级，满足场地休闲度假需求。方案旨在将严东关建设成为"两江一湖"风景名胜区的休闲健康养生示范中心，以家庭为单位，以老年人为核心，以少儿为补充，以十二时辰为周期整合场地景观、产业、历史人文等资源，通过多样选择的活动，构筑一个生活、生产、生态融合的旅游综合体。

■ 规划定位

　　将严东关建设成为"两江一湖"风景名胜区的休闲健康养生示范中心；以家庭为单位，以中老年为核心，以少儿为补充；以"十二时辰"为周期，整合场地景观、产业、历史人文等资源，通过多选择的活动，构筑一个"生活、生产、生态"三生融合的旅游综合体，打造一张全新的严东关旅游名片。

■ 区位分析

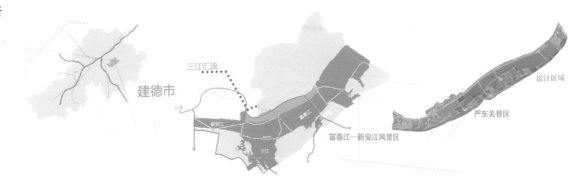

■ 场地特色分析

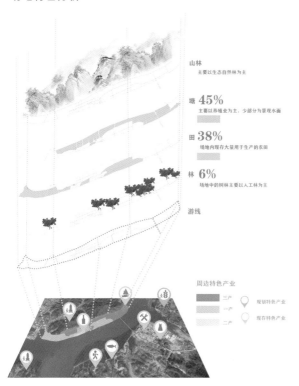

■ 土地适用性分析

　　基于上位规划的限制，对严东关旅游综合体的可开发用地进行划分，明确基本农田不可动，一级保护区以保护为主的开发原则。

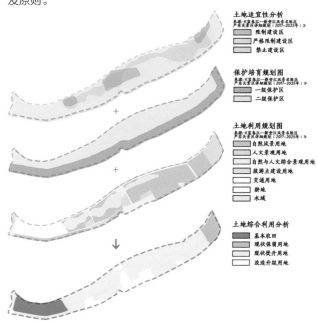

■ 历史沿革

旧石器时代晚期
"建德人"乌龟洞遗址建德从"建德人"时代开始，出现人类繁衍

建德置县
原建德县的辖境为孙韶的封地，故此，建德县名因封建德侯而来，取建功立德之义。

制五加皮酒
徽商朱仰懋携资在严州东关开设药店调整民间验方，创制五茄（加）皮酒

新安江水电站
建国后中国自行设计自制设备，自主建设的第一座大型水力发电站

农科所建立
建德市农业科学研究所是国有企业，从事农作物栽培技术推广研究

渔业生产
严东关位于三江汇合处，鱼类丰富，利用天然的地理优势，渔业生产和发展具有得天独厚的优势。

"三生智慧"整合发展
建德市政府规划并实施了多项严东关景区保护和政治措施，如何进行场地景观、产业、历史人文资源的整合，平衡发展和保护的关系仍然是未来需要面对的重大问题。

■ 设计构思

区位交通优势,紧邻千年古镇严州府(今梅城镇)。
景观生态资源丰富,具备"江山塘林田"特色山水格局。
严东关有五加皮酒及甜橘等特色产业基础。
严东关位于三江汇流口,是严州通往各处的必经门户。
景观体验较为单一,以农业、鱼塘景观为主,利用度较低。

严东关历史船运故事、农科所场地文脉式微。
产业结构单一,以一产为主,同质化严重。
景区内外道路规划不合理,景区可达性较差。
建筑多为大跨度仓库管理用房,功能单一。

政府支持生态旅游产业、以生态为本、建设山水林田江生命共同体。
严东关旅游区定位为"严州怀古",强调传统生活体验。
客建德:旅游业、数字产业、教育产业、健康产业为严东关提供产业联动基础。

周边景点较多,旅游资源丰富,带来竞争压力。
社会资本有待激活,存在资源有效整合的压力。
位于一级和二级保护区,且场地内有永久基本农田,面临发展与保护双重压力。

Transportation
Ecological environment
Culture inheritance
Educational resources
Agricultural resources
Infrastructure
Industrial structure
Population
Building function
Digital industry
Health industry
Tourism planning
Tourism competition
Social capital
Ecological pollution

STRENGTH
WEAKNESS
OPPORTUNITY
THREAT

SWOT分析

核心问题

总平面图

■ **交通游线图**

┈┈┈┈ 场地内部田埂道　　■ 绿道
▪▪▪▪ 场地内部水道　　　 北部城市过渡道
▬▬▬ 场地内部主干道　　 江面航道

■ 策略分析

■ 四季耕作表

香樟 Cinnamomum camphora	垂柳 Salix babylonica
垂丝海棠 Malus halliana Koehne	木槿 Hibiscus syriacus
迎春花 Jasminum nudiflorum	毛竹 Phyllostachys heterocycla (Carr.) Mitford cv.
银杏 Ginkgo biloba	雪松 Cedrus deodara
桂花 Osmanthus fragrans	蜡梅 Chimonanthus praecox
鸡爪槭 Acer palmatum	月季 Rosa chinensis Jacq.

采收时间 种植时间	蔬菜	January	February	March	April	May	June	July	August	September	October	November	December
	番茄					4月下旬~5月中旬		6月下旬~8月下旬					
	毛豆					5月上旬~下旬		7月中旬~8月中旬					
	茄子				4月下旬~5月中旬			6月上旬~10月中旬					
	土豆		2月下旬~3月中旬						8月中旬~9月上旬			11月下旬~12月上旬	
	四季豆					5月上旬~6月上旬		6月下旬~8月上旬					
	芝麻					5月下旬~6月中旬		7月		9月上旬~中旬			
	柑橘				4月下旬~5月中旬						10月下旬~11月中旬		
	玉米				5月上旬				8月上旬	10月上旬			
	棉花				4月上旬					8月下旬~11月			
	草莓	12月~4月初								9月			
	花生					5月中旬~6月上旬				9月中旬~10月中旬			
	番薯					5月中旬~6月上旬		7月上旬~11月下旬					
	黄瓜				4月下旬~5月上旬		6月上旬~8月中旬						
	水稻				4月下旬~5月中旬			7月			10月		

■ 生态护坡

软性措施-防浪林　　软性措施-植被生态混凝土型生态护坡　　硬性措施-宾格石笼生态护坡　　硬性措施-多孔结构生态护坡

■ 十二时辰游线效果图

临水市集

十二时辰游线

场地内部田埂路

场地内部主干道

沿江绿道

江色薄雾

说书品酒

月夜星辰

农家小憩

登高望远

登高望远

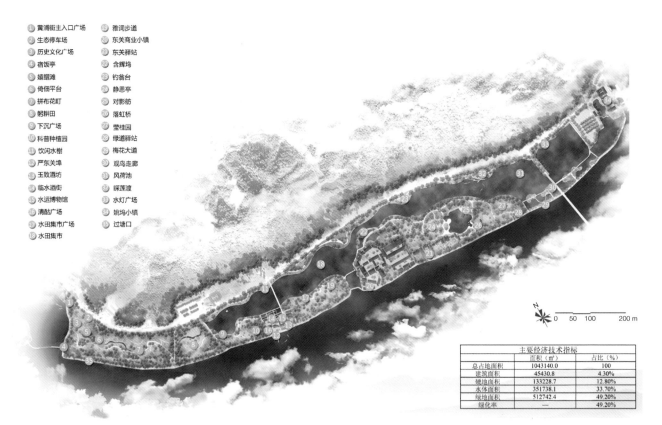

① 黄浦街主入口广场　　⑲ 雅词步道
② 生态停车场　　　　　⑳ 东关商业小镇
③ 历史文化广场　　　　㉑ 东关驿站
④ 宿饭亭　　　　　　　㉒ 含辉坞
⑤ 嬉鳝滩　　　　　　　㉓ 钓翁台
⑥ 倚佃平台　　　　　　㉔ 静思亭
⑦ 拼布花町　　　　　　㉕ 对影舫
⑧ 躬耕田　　　　　　　㉖ 落虹桥
⑨ 下沉广场　　　　　　㉗ 莹桂园
⑩ 科普种植园　　　　　㉘ 绿道驿站
⑪ 饮闲水榭　　　　　　㉙ 梅花大道
⑫ 严东关埠　　　　　　㉚ 观鸟走廊
⑬ 玉致酒坊　　　　　　㉛ 风荷池
⑭ 临水酒街　　　　　　㉜ 踩莲渡
⑮ 水运博物馆　　　　　㉝ 水灯广场
⑯ 清酤广场　　　　　　㉞ 姚坞小镇
⑰ 水田集市广场　　　　㉟ 过塘口
⑱ 水田集市

主要经济技术指标		
	面积（㎡）	占比（%）
总占地面积	1043140.0	100
建筑面积	45430.8	4.30%
硬地面积	133228.7	12.80%
水体面积	351738.1	33.70%
绿地面积	512742.4	49.20%
绿化率	—	49.20%

总平面图

烟水俱境

——文旅互兴视角下的严东关山水旅游综合体规划

优秀奖

参赛院校： 西南林业大学

参赛团队： 包太玉子、付影、钱莹、刘亚鹏、褚中原

指导教师： 张继兰

奖项名称： 2019"新安江杯"严东关旅游综合体设计竞赛优秀奖

设计说明：

　　本方案名为"烟水俱境"，意为一尘不染、天山一碧的江水风光，尽显美好意境，也寓意着游人一路俱佳境、从流飘荡、畅游泛舟的画面。

　　将"古港＋名关"作为严东关品牌，树立规划区鲜明的千年古港、梅城名关特色形象；以三江口为舞台，乌龙山北峰塔为山体景观，以古驿站风光、古街市景观等历史资源为依托，以东关埠为中心，打造一个文旅互兴视角下的山水旅游综合体。

　　最终根据上位规划、场地现状将场地规划为五个片区，分别为田园耕游区、烟堤晚泊区、酒驿集市区、望山闻水区、烟水扁舟区。以农业、文旅业和酒加工业为主，实现"三产合一"。农业以梅城当地特色农业为基础，养殖业为辅，形成系统产业链，促进当地经济发展。文旅以田园山水、水系为依托并融入当地特色风俗文化活动，如赶集、水灯等。形成东关埠码头、东关山水园、东关驿站、拼布花町、水田集市、临水酒街、雅词步道等特色景点。致力于打造生态适宜、文化深厚、产业经济发展的山水旅游综合体。

■ 区位分析

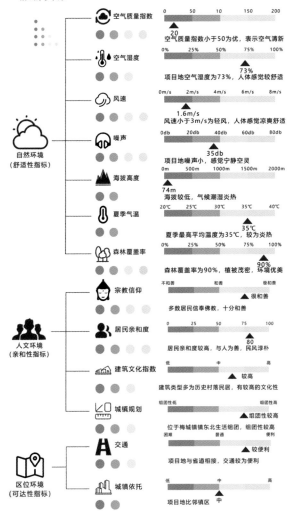

浙江省杭州建德市

严东关位于浙江省杭州建德市东北部，由西向东呈长条形分布，北临乌龙山景群，南临南峰景群和三都景群，严东关北接严东关路与梅城古城相连接。

■ 旅游资源

自然环境（舒适性指标）

空气质量指数
0　50　10　150　200
20
空气质量指数小于50为优，表示空气清新

空气湿度
0%　25%　50%　75%　100%
73%
项目地空气湿度为73%，人体感觉较舒适

风速
0m/s　2m/s　4m/s　6m/s　8m/s
1.6m/s
风速小于3m/s为轻风，人体感觉凉爽舒适

噪声
0db　20db　40db　60db　80db
35db
项目地噪声小，感觉宁静空灵

海拔高度
0m　500m　1000m　1500m　2000m
74m
海拔较低，气候潮湿炎热

夏季气温
20℃　25℃　30℃　35℃　40℃
35℃
夏季最高平均温度为35℃，较为炎热

森林覆盖率
0%　25%　50%　75%　100%
90%
森林覆盖率为90%，植被茂密，环境优美

人文环境（亲和性指标）

宗教信仰
不和善　和善　很和善
很和善
多数居民信奉佛教，十分和善

居民亲和度
0　25　50　75　100
80
居民亲和度较高，与人为善，民风淳朴

建筑文化指数
低　中　高
较高
建筑类型多为历史村落民居，有较高的文化性

城镇规划
组团性低　组团性高
组团性较高
位于梅城镇东北生活组团，组团性较高

区位环境（可达性指标）

交通
困难　普通　便利
较便利
项目地与省道相接，交通较为便利

城镇依托
低　中　高
中
项目地比邻镇区

■ 客源分析

一级客源
以浙江建德市、杭州市为核心的浙北城市群为主体客源市场。

二级客源
苏、皖。以南京、合肥等城市为主体市场，辐射长江周边，以及上海、北京、天津等大城市客源市场。

三级客源
以环渤海为主导的国内远程市场，港、澳、台地区市场，以及南亚、东南亚、日韩、西欧、北美和澳洲等客源市场。

■ SWOT 分析

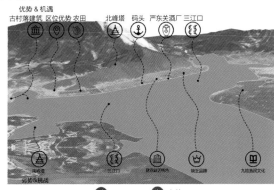

优势 & 机遇
古村落建筑　区位优势　农田　北峰塔　码头　严东关酒厂　三江口

劣势 & 挑战

优势
独特旅游资源与农业资源优势
深厚文化底蕴优势
舒适的生态环境优势
气候宜人，袅袅水乡

劣势
文化知名度不高，缺乏品牌效应
内部通达性欠缺，活动受制约
部分建筑缺乏特色，需要修缮与改造
产业较为单一

S+O=SO战略
S+T=ST战略
W+O=WO战略
W+T=WT战略

机遇
"全域旅游"政策为场地注入鲜活血液
良好的区位优势带来新的活力
历史进程下人们对不同文化的探索与
山水生活体验正在增加

挑战
周边主题旅游快速发展的竞争挑战
打造严东关文化地标和品牌特色的挑战
整合项目周边产业结构的挑战
梅城镇山水旅游要素创新带来的挑战

■ 作物分析

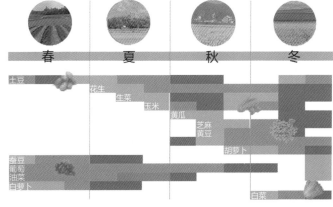

春　夏　秋　冬

土豆
花生
生菜
玉米
黄瓜
芝麻
黄豆
胡萝卜
蚕豆
葡萄
油菜
白萝卜
白菜

■ 历史脉络

文创结合　　创意农业　　产业融合　　生态循环

■ 建筑

建筑群落分析

梅城建筑继承徽州建筑的特色，造型丰富，讲究韵律美，以马头墙、小青瓦最有特色；在建筑装饰艺术的综合运用上，融壁画、石雕、木雕、砖雕为一体，显得非常优美。

姚坞建筑物
（新建风格为徽派）

车场建筑群
（保存较好需修缮维护）

酒厂建筑群
（早期原有需更新外立面）

■ 交通

内部交通路线
外部交通路线
桥

外部交通主要为三条路线；交通方式分为路上和水上，水上交通可分为衡水渡和桥。

■ 原有景观

梅城严东关区块位于梅城东入城口至乌石滩，整个区块位于三江口对岸，属于"富春江—新安江—千岛湖风景名胜区"范围，局部属于风景名胜区核心区，且属于AAAA级国家景区七里扬帆景区范围内。

姚坞游客中心为2015年新建，主要功能为东线游客集散与换乘，具备年游客接待量30万以上人次。

● 原有景点
◉ 原有游客中心

■ 特色产业

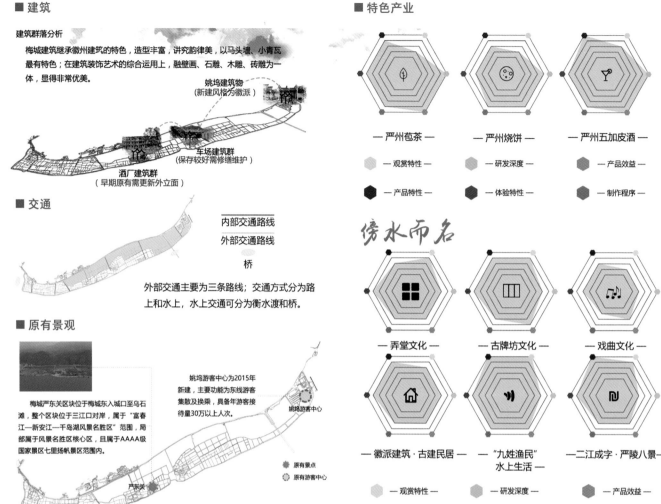

— 严州苞茶 —
— 严州烧饼 —
— 严州五加皮酒 —

⬡ — 观赏特性 —　⬡ — 研发深度 —　⬡ — 产品效益 —
⬡ — 产品特性 —　⬡ — 体验特性 —　⬡ — 制作程序 —

傍水而名

— 弄堂文化 —
— 古牌坊文化 —
— 戏曲文化 —

— 徽派建筑·古建民居 —
— "九姓渔民"水上生活 —
— 二江成字·严陵八景 —

⬡ — 观赏特性 —　⬡ — 研发深度 —　⬡ — 产品效益 —
⬡ — 产品特性 —　⬡ — 体验特性 —　⬡ — 制作程序 —

■ 产业结构分析

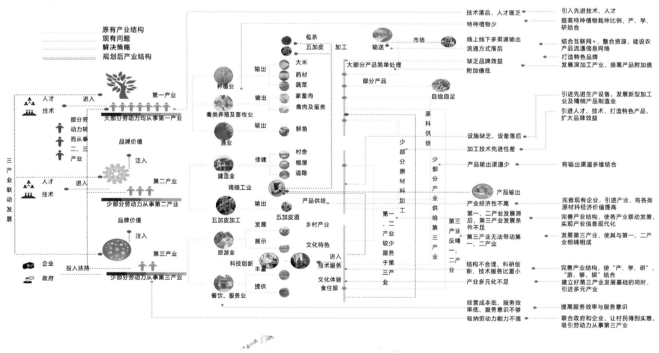

■ 规划分析

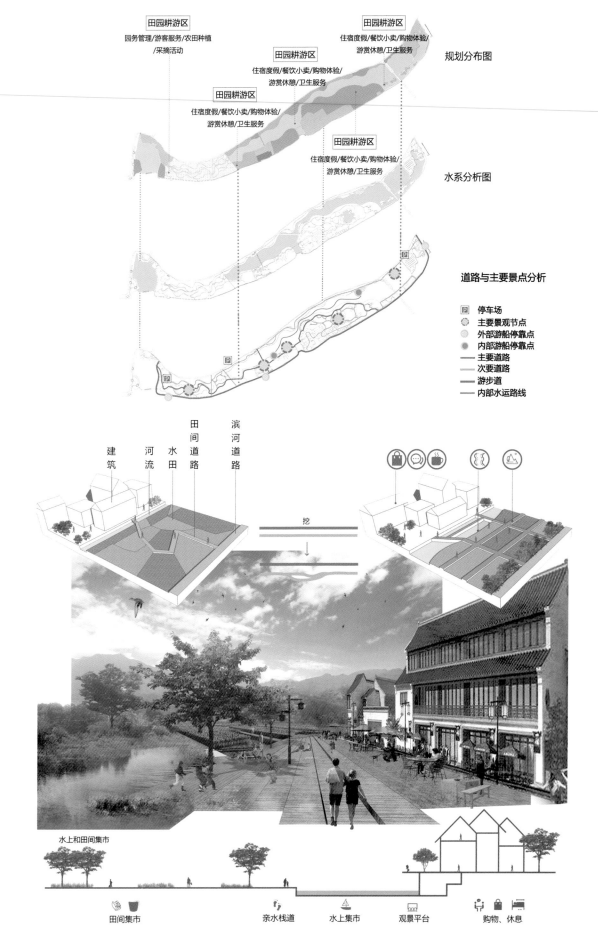

田园耕游区
园务管理/游客服务/农田种植/采摘活动

田园耕游区
住宿度假/餐饮小卖/购物体验/游赏休憩/卫生服务

田园耕游区
住宿度假/餐饮小卖/购物体验/游赏休憩/卫生服务

田园耕游区
住宿度假/餐饮小卖/购物体验/游赏休憩/卫生服务

田园耕游区
住宿度假/餐饮小卖/购物体验/游赏休憩/卫生服务

规划分布图

水系分析图

道路与主要景点分析

P 停车场
主要景观节点
外部游船停靠点
内部游船停靠点
—— 主要道路
—— 次要道路
—— 游步道
—— 内部水运路线

建筑　河流　水田　田间道路　滨河道路

挖

田间集市　亲水栈道　水上集市　观景平台　购物、休息

水上和田间集市

■ 规划策略

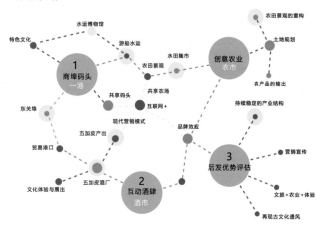

■ 规划构思

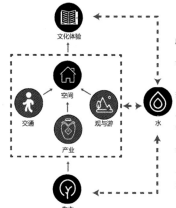

历史文化的延续

构建东关埠水系廊道与开敞空间，将历史文化与特色融入到码头的水运文化中，展示一个独具特色的码头文化。

提升内部活力

梳理水相关的产业、交通及内部特有的生产遗迹，调整策略，并将相应的措施落实在严东关的空间规划中。

维持原有的自然生态性

利用场地的现状资源状况，重视该地区的生态价值，发掘水的价值，利用现有的生态资源进行保护性规划，形成良好的生态系统。

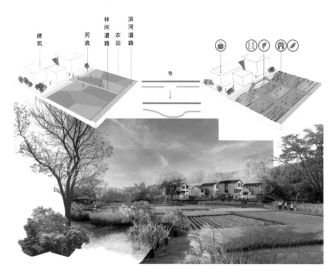

■ 建筑风貌整改

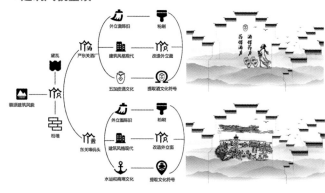

■ 种植体验

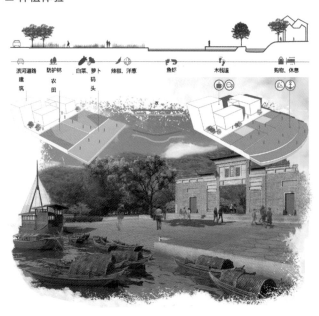

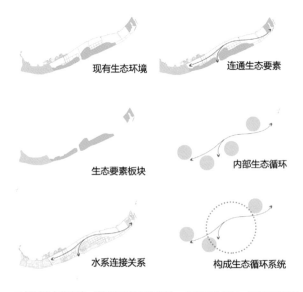

■ 适于降水量充沛、植被丰富的南方农村　■ 工程造价较低，后期维护粗放

■ 可以种植经济植物、放养动物　■ 能达到较好的出水水质

■ 生态理念

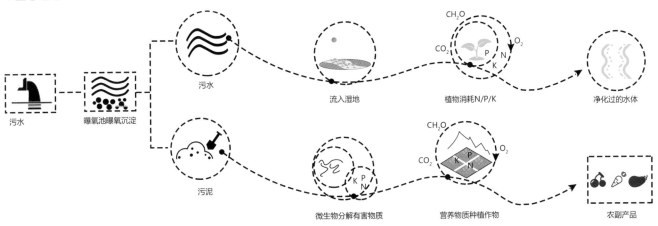

■ 生态可持续污水净化原理

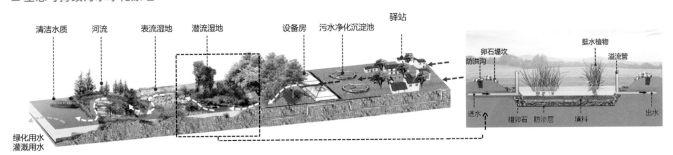

鸟瞰图

图书在版编目（CIP）数据

逸游山水 文化繁荣："新安江杯"严东关旅游综
合体设计竞赛 = Revel in Natural Landscape, Boost
Cultural Prosperity "Xin'an River Cup"
Yandongguan Tourism Complex Design Competition/
全国风景园林专业学位研究生教育指导委员会，中国风景
名胜区协会文化和旅游专家委员会，浙江省建德市人民政
府编著. —北京：中国建筑工业出版社，2021.11
ISBN 978-7-112-26562-6

Ⅰ. ①逸… Ⅱ. ①全… ②中…③浙… Ⅲ. ①园林设
计－作品集－中国－现代 Ⅳ. ①TU986.2

中国版本图书馆 CIP 数据核字（2021）第 191060 号

责任编辑：杜 洁 兰丽婷
责任校对：张惠雯

逸游山水 文化繁荣——"新安江杯"严东关旅游综合体设计竞赛
Revel in Natural Landscape, Boost Cultural Prosperity
"Xin'an River Cup" Yandongguan Tourism Complex Design Competition
全国风景园林专业学位研究生教育指导委员会
中国风景名胜区协会文化和旅游专家委员会 编著
浙 江 省 建 德 市 人 民 政 府
*
中国建筑工业出版社出版、发行（北京海淀三里河路 9 号）
各地新华书店、建筑书店经销
北京富诚彩色印刷有限公司印刷
*
开本：880 毫米 ×1230 毫米 1/16 印张：7½ 字数：180 千字
2021 年 10 月第一版 2021 年 10 月第一次印刷
定价：88.00 元
ISBN 978-7-112-26562-6
　　　　（38093）

版权所有 翻印必究
如有印装质量问题，可寄本社图书出版中心退换
（邮政编码 100037）